因为整理，人生变轻松了

〔韩〕郑熙淑——— 著

郑冬梅——— 译

최고의 인테리어는 정리입니다

四川文艺出版社

图书在版编目（CIP）数据

因为整理，人生变轻松了 /（韩）郑熙淑著；郑冬梅译. —— 成都：四川文艺出版社，2022.5

ISBN 978-7-5411-6325-8

Ⅰ.①因… Ⅱ.①郑…②郑… Ⅲ.①家庭生活-普及读物 Ⅳ.① TS976.3-49

中国版本图书馆 CIP 数据核字 (2022) 第 054813 号

著作权合同登记号 图进字：21-2022-74

YINWEI ZHENGLI, RENSHENG BIAN QINGSONG LE

因为整理，人生变轻松了

[韩] 郑熙淑 著

郑东梅 译

出 品 人	张庆宁
出版统筹	刘运东
特约监制	吕中师
责任编辑	陈雪媛
特约策划	吕中师
特约编辑	苟新月　刘雪华
封面设计	卷帙设计
责任校对	段　敏

出版发行　四川文艺出版社（成都市锦江区三色路266号）

网　　址　www.scwys.com

电　　话　010-85526620

印　　刷　天津旭丰源印刷有限公司

成品尺寸	130mm×185mm	开　本	32开
印　　张	8	字　数	110千字
版　　次	2022年5月第一版	印　次	2022年5月第一次印刷
书　　号	ISBN 978-7-5411-6325-8		
定　　价	49.80元		

序言

"收纳整理"不等于"扔掉"

近来出版的收纳整理类书籍大都将焦点集中在扔东西上，似乎在说收纳整理等于扔掉一些东西，把通过扔东西得来的极简生活视为一种时代的潮流。显然，这可能是产业资本主义带来的后遗症，毕竟产业资本主义把丰厚的物质享受当作成功人生的标准。但是比起那种为一些不必要的物品所困扰的生活，我更喜欢的生活方式是把注意力集中于自己的人生。

要做好收纳整理，首先要扔掉一些不必要的杂物，我也赞同这一点。但是，收拾屋子的目的并不仅仅是处理没用的东西，而是物尽其用，更好地使用各种东西。

各种生活用品和我们的内心有相似之处。那些长年堆积在屋里的无用之物，就像是一堆无法解决的心事，深深地埋藏在心底，让人感到不爽。这种无所适从的感觉会让心灵日渐僵化，不复柔软，就像是化石，阻碍灵魂的成长。

正因为如此，收拾屋子就成为一个清洁自己心灵的过程。如果能通过整理衣服、被子和化妆品，把乱七八糟的卧室收拾成如美梦般的舒适空间，如果能将杂乱无章的厨房收拾成让人马上想做美食的样子，那么我们的心情也必然会随之变得愉悦。

我是一个收纳整理专家，经常接受客户的委托，把他们的家变得井井有条。同时我也是一个已经生儿育女、和丈夫共同操持家务的主妇。"家"是我们与心爱的家人一起度过漫长时光的生活空间，因此将家打造得既舒适又整洁是很有必要的。收纳整理固然重要，但如果没保持几天就又变回乱糟糟的样子，那就说明这项工作没有意义。因此，我觉得收纳整理的重点在于能否一直保持整洁的状态。换言之，我长年思考的问题，不是如何收纳整理才能获得短暂的整洁，而是有没有方法能让整洁的状态维持下去。

一开始，我会模仿别人，比如通过国外的相关书籍的译本学习收纳整理的方法。但有一天我突然意识到：不同国家都应有适合自己的收纳整理方法，如日本经常发生地震等自然灾害，他们那种尽可能清空物品的极简主义就不一定适用于其他国家。

"收纳整理"一直是流行话题，相关书籍层出不穷。其中大部分书籍都在强调：只应留下最基本的必需品，剩下的东西则要全部丢掉，从而最大限度地把空间腾出来。诚然，在收纳整理时，清理掉一些杂物也是必要的。但过于强调"扔"这一环节，似乎是在向大众灌输"整理"等于"扔"的道理，这是一个令人担忧的现象。一位养育孩子的妈妈，总不能像单身汉一样把暂时无用的东西全部扔掉。况且，这种不管不顾、任意丢弃的整理方法也不符合韩国非常重视家族和亲情的民族特点。

如果是独自生活，那么整套房屋可以想怎么利用就怎么利用。如果是和家人共同生活，那么就要确保公共空间足够宽敞，同时也必须为每位家庭成员提供独立空间。即使全家人蜗居在单间的房屋里，也要规划出可以让每个人单独使用的空间。孩子出生之后应当不受打扰，宠物也得有自己的地盘，不保持这种空间的独立性，各种物品的摆放界限就会模糊、消失，以至于家不像家，屋不像屋，整个空间好像都是只为堆积各种物品而存在。

大家都认为，要想腾出舒适生活的空间，首先房子的面积要大。但是倘若没有功能空间的划分，不管搬到多大的房子里都无济于事。即使是大房子，如果不遵循收纳整理的各种标准和原则，那也和 5 坪①的单间没什么两样。相反，如果好好收拾的话，无论房子面积如何，都能整理出一个全家人满意的生活空间。

我常惦念着我的家人的生活和需求，所以推己及人地写下这本书，总结了一些适用于各种家庭的收纳整理方法。书中介绍的收纳整理方法可以让每一位家

———————————

① 1 坪约合 3.3 平方米。——编者注

庭成员都拥有一个比较满意的独立空间，从而在回家时能感到一种人格上的被尊重。同时，还能让家庭成员体会到共同生活的幸福感。换言之，这本书的目的是打造一个以人为本而非物质至上的家，让所有的成员共享家庭的幸福。

有些人认为最好的收纳整理方法就是清空房子，还有些人认为把杂物摆放到看不见的地方就算整理好了。而这本书将会消除人们对于收纳整理的此类误解，使他们认识到：真正的收纳整理并不是把物品藏好或者扔掉，而是把它们归拢到合适的地方。如果你体验过各种杂物怎么收拾也收拾不完，没过几天又堆得到处都是，那么我建议你通过这本书学习如何维持收纳整理的效果。

大家应该都听说过"幸福的青鸟不在远方，就在脚下"的童话故事吧。幸福不是别人施舍的，也不是某一天突然降临的，更不是极少数幸运儿的专属。幸运就像是长在庭院里的花，可以用我们的双手去栽培。此时此刻正在阅读这本书，准备创造幸福生活的人们，我向你们致以最崇高的敬意。大家加油！

目录

contents

第三部分　将家里空间扩大两倍的整理法

现在要把这些东西从卧室里清理掉 \ 一目了然的整理衣服的方法 \ 分类挂衣服的方法 \ 维持内衣的形状及配套饰品的整理方法 \ 为家庭成员量身制订解决方案 \ 如何整理最占空间的被子

contents

第一部分
Part One

收纳整理
从当下开始

01 合理利用空间

"这个房间是用来做什么的？"

这是我为客户提供收纳整理服务时，首先提出的问题。确定一个房间的用途非常重要，每处空间的使用都应该有一定的目的性。

房间的使用目的不明确，父母的卧室里可能摆放着孩子的东西，姐姐的房间里也可能摆放着弟弟的东西，这样就会乱套。一个房间应该只有该房间主人的东西，一旦房间主人开始到其他空间去寻找自己的东西，空间的分割就失去了意义，生活也会变得杂乱起来。

看一眼房间的大小，就能估算出可放置的家具数量。如果一个房间能同时摆放床、桌子、衣柜和抽屉柜固然好，但是可以容纳这么多家具的房间并不太多。

有位客户为了能在卧室里放下一张大桌子，便将衣柜搬到了客厅。把本应该放在卧室里的衣柜摆放到客厅，客厅就失去了原有的功能。因此，在购置家具时，首先要考虑到空间问题，以免发生购买家具后摆放空间不足的窘况。

若问收纳整理的好处是什么，大多数人都会回答：物品摆放得井然有序，会让人赏心悦目。但是，从宏观的角度看，收纳整理的好处在于扩大空间。根据收纳整理方式的不同，同样大小的空间所呈现出来的效果也不尽相同，既可能让人感到宽敞，也可能让人感到逼仄。如果整理得当，就能够充分发挥空间功能。所谓发挥空间功能，是指空间为"人"而存在，并非为摆放"物品"而存在。整理应该以人为中心，而不是以物为中心。

确定好空间的使用功能后，不符合其功能的物品就应摆放到其他空间。若不及时收纳到相应的空间，这些物品就会变成被搁置无用的杂物。

一些为了收纳整理而积攒的物品，有时反而会造成空间的浪费。塞在厨房抽屉里的绳子和果酱瓶、挂在衣柜里的干洗店衣架等物品就是这样。为了能在下次收纳整理时使用而收集的各种空瓶子、丝带，还有牛奶盒，往往会成为负担。

其实，空瓶子、包装袋之类的东西用不着收藏。在日常生活中，就算你不刻意去收集，这类物品也是到处都有，随时可以取用的。可以说，这些被收藏起来、以备不时之需的东西，最终不过是一堆杂物而已。抱着"总有一天会用到"的想法去收藏的东西，未来真正能用到的概率不到10%。如果只留下珍贵、有价值的东西，就算是30多平方米的房子，也能变得宽敞和舒适，给人极佳的居住体验。相反，如果家里到处堆着那些毫无用处的东西，即便你住在300多平方米的房子里，也会觉得拥挤狭小。

两个月前，我为一位客户提供收纳整理服务。我发现他们家有一间丧失使用功能的房间，一家人称它为"仓库"。那个房间的墙上挂满了衣服，衣服太多导致衣架杆都变形了；地上堆满了尚未拆封的各种纸箱，摞得快有一人高了；还能看见孩子小时候的玩具、自行车等多年无人使用的各种杂物。这个房间已经完全丧失了居住的功能，变成了一个名副其实的"仓库"。我认为这间"仓库"必须无条件消失，没有存在的必要，因为它只是堆积了太多杂物才会出现的。更可怕的是，一到冬天，这家人就会关掉其他房间的暖气，都挤在客厅里生活，因为不只"仓库"，其他房间里也都是杂乱无章的。明明是四居室、足足有130多平方米的房子，一家人却如同借住在别人家的一间小屋里，过着拥挤不堪的生活。

我的收纳整理工作就从整理"仓库"开始。我尝试清理掉堆放在"仓库"和各个房间里的垃圾，试图恢复每个房间的功能。房子本身非常宽敞，所以我重新布置了各种家具，把充分利用空间放在首位，尽量做到简洁整齐，以免给人一种沉闷压抑的感觉。

卧室、儿童房和厨房都按其用途收纳整理，客厅布置以宽敞为原则。尽量满足每个使用者对个人空间的需求，厨房、客厅和浴室等全家人共用的空间则尽量不放置个人物品。在共用的鞋柜里也为每位家庭成员划出了专属位置。我还将放在客厅的书柜挪开，露出被遮挡的巨大的玻璃窗。最后全家人都惊讶地瞪大了眼睛。

"这儿真的是我们家吗？天啊！"

最开心的是那两个孩子，因为他们有了属于自己的房间，别提有多高兴了。我觉得收纳整理时所付出的努力瞬间得到了回报。

收纳整理中真正重要的是如何打造全家人共同生活的空间。请想一想，在这个空间里，全家人想过什么样的生活，想营造什么样的家庭氛围呢？比起非必要的物品、能够轻松买到的物品，相依为命的家人更为重要。收纳整理，不仅仅是整理物品，更是打造一个以人为中心的生活空间。

收纳整理中真正重要的是如何打造自己和家人共同生活的空间。

收纳整理的好处在于扩大空间。根据收纳整理方式的不同，同样大小的空间所呈现出来的效果也不尽相同，既可能让人感到宽敞，也可能让人感到逼仄。

02 收纳整理的魔力

"我是收纳整理的白痴，整理不好那不是当然的吗？"

对于说出这种话的人，我的建议是学习收纳整理，不用花费太多心思，只有先试试才知道自己行不行。有很多专门从事收纳整理工作的人，以前的工作都与收纳整理毫不相干，但依旧凭借自身的努力成了收纳整理方面的专家。

我们公司也有员工担心自己无法学会收纳整理，甚至会怀疑为什么要把收纳整理当作一种职业。其中有一位优秀的收纳整理师，以前并不看好收纳整理这份工作，有时我在旁边看着也觉得有些郁闷。但随着时间的推移，她慢慢成了收纳整理方面的专家。她责任心强，踏实肯干，虽然收纳整理的速度较慢，但一直在进步。

最近，我再次访问了一年前曾委托过我们的一家客户。在他们搬家的前一天，我和那家女主人交流了如何布置家具的问题。在他们搬进新居后，我又去他们的新居进行收纳整理。见到我，那个女主人合不拢嘴，乐呵呵地说："搬家公司的大叔们都一个劲儿地夸我，说我家收拾得好，和他们之前见过的客户完全不一样。"

搬家公司的员工一看屋子收拾得干干净净，都不敢怠慢，更加小心翼翼地搬运东西，生怕把哪儿碰坏，出了差错。但即便如此，7个搬运工还是从早到晚忙了一整天。也就是说，这位客户虽然一年前进行了一次收纳整理，清理掉了不少东西，但由于本来东西就很多，所以收纳整理的效果也没有维持到现在。为了解决这个问题，客户想趁这次搬家的机会，再进行一次彻底的收纳整理。

她看起来是一个勤奋的家庭主妇。如果换一个人，可能就满足于现状了，因为在别人看来现在整理得已经很好了。但她却不满意，因为她已经知道了收纳整理的好处，所以她自己先尝试了一下。

"这次我应该放开手清理了。说实话，一年前我还偷偷流过泪呢。虽然我也觉得东西太多该清理了，但真到清理的时候，又感觉会丢掉好多回忆，心里特别难受。"

我十分理解这位客户清理那些东西时的心情。那些东西里充满了美好的回忆，这些回忆抓住了她的心，使她一万个舍不得。但是，堆放在一处连碰都不碰的东西，就是没有任何意义的废物，不再属于任何人。人们不再关心它们，只是将它们闲置在房间里。不仅是这位客户，其他认识到收纳整理的重要性的人也说过类似的话，她们都觉得"生活轻松了许多"。

"本以为可以随心所欲地买东西才是自由自在的生活，万万没想到收纳整理扔掉一些东西也如此轻松。我现在心里轻松多了，待在家里的时间也长了。现在待在家里，感觉特别舒服自在。没想到稍微收纳整理一下，这个家就变样了，我觉得很新奇，很自豪，也觉得很了不起，我竟然鼓起勇气下决心收纳整理了这个家。每当我看到被整理得井井有条的家，就有一股使不完的劲儿，感觉今后什么事情也难不倒我了。"

这位主妇脸上洋溢着笑容，不停地跟我讲述收纳整理给自己和家人的生活带来的变化。

不管是原本就喜欢收纳整理的人，还是后来才对它产生兴趣的人，抑或认为自己是整理白痴的人，只要他们打开收纳整理这扇大门，就会感受到这项活动给他们带来的各种变化。收纳整理有着让人回顾自己人生的一种魔力。

通过收纳整理，我接触到了各种各样的人，通过这些人我确定了一件事。虽然每个人、每个家庭的家境不同，生活环境也不同，但可以肯定的一点是，收纳整理会给他们的生活带来深刻的影响。看来收纳整理的确具有让人改变的魔力。委托我进行收纳整理或咨询的大部分客户，都深有体会，认为收纳整理的效果不仅仅停留在空间的释放上，还在于它能改变人的心态，提高生活质量。有的客户感觉收纳整理让生活更轻松，也有的客户认为，收纳整理就像是快刀斩乱麻，一下子解除了心里的疙瘩，治愈了心里的某种顽疾。

对那些从未产生过收纳整理的念头，舍不得扔掉任何东西的人来说，收纳整理给了他们一个机会，让他们思考真正对自己重要的到底是什么，而通过收纳整理收获的体会也会对他们今后的生活产生重要的影响。在收纳整理的过程中获得的成就感，也会让他们对人生更自信。可以说，一旦空间发生变化，我们的人生也会随之变化。如果想使自己的生活有所变化，那么就请重新审视一下自己与家人生活的空间吧。

03 通往幸福的最简便的方法

经常有人说，收纳整理改变了居住环境，居住环境的改变又会激起尝试新事物的冲动。

"厨房变得干净整洁之后，我有了想要做各种美食的念头。我曾经给孩子们做过一次点心，结果那天以后孩子们一放学，就喊着'妈妈，妈妈'跑到厨房里来。孩子们欢喜的叫声就像是小鸟在叽叽喳喳，我听了不知有多高兴。所以，我最近正在研究如何给孩子们做一些新花样。"

"在整洁清净的房间里学习，学习效果自然会好得多。一看到书桌书橱，我就觉得要坐下来学习了。读书积极性也上来了，比以前多读了很多书，作业也做得更认真了。"

大人们开始喜欢做饭了，孩子们也开始喜欢待在自己的房间里了。现在家里的每个人都不会再随便乱放东西了，因为在干净整洁的地方，只要有什么东西放错了位置，立马就能看出来。

乱摆乱放的东西少了，打扫起来也会更轻松，因此闲暇时间也多了起来。利用这些空闲时间，我们可以去尝试一些平时一直想做而没工夫做的事情。随着生活内容的丰富，人的精力也愈加旺盛，这对我们的精神健康是十分有利的。所以，经常进行收纳整理是有利于身心健康的。

有一位上了年纪的客户说，学会收纳整理之后生活变得更加悠闲了。她说自己以前就很喜欢喝茶，而现在有了更多的时间静坐在客厅的茶几前，一边悠闲地品茶，一边欣赏窗外风景。

这位客户之前经常邀请朋友到家中做客聊天，但后来她决定与朋友们共读一本书，边读边分享各自的想法，在这一过程中她孤独的心灵也得到了慰藉。最近，她又为自己量身定制了一套包含简单体操在内的锻炼方法。这位客户给我发来消息说，自己的身心都变得越发健康了，我看了以后也感到十分欣慰。

收纳整理之后周围的环境焕然一新，而变化的环境则会影响我们的身心。屋子变得干净有序后，之前总是在外不愿回家的丈夫和孩子待在家里的时间长了，家庭成员间的接触和交流自然也多了。从前在家只是睡觉、看电视，生活单调，现在家变成了欢乐的小天地，生活充满了活力。

04 按季节进行收纳整理

在提供上门整理服务时，我发现很多客户都原封不动地收藏着孩子小时候读过的各种书籍。

"您不是说孩子已经上高中了吗？这些书他还看吗？"

"小时候给他买的，想让他多读点书，但他读了几本觉得没意思就再也不读了。"

"那您为什么还留着它们呢？"

"我想，他长大后总会有读的那一天吧，就这么搁着了。"

"现在他更不会读了，高中生光是学习任务就已经够多了。"

"是啊，他每天早出晚归……"

"我们把这些书卖了吧，或者送给您朋友家的孩子，您看怎么样？"

作为收纳整理专家，我一眼就能发现需要整理的东西，但客户就不一定，比如孩子们的各种旧教材和其他书籍。

无人使用的东西放在家里就是累赘。换季时请你打开家里的衣柜和厨柜看看吧，不是以主人的眼光，而是用客观的标准，冷静地审视它们。你一定会发现很多不会再穿的衣服和再也用不到的锅碗瓢盆。还有阳台上那些不显眼的大小柜子——里面肯定还放着一些几乎不用的东西——我们可以在换季时把当季要用到的物品从里面拿出来，再把上一季用过的物品收进去。

春夏秋冬——季节的更替是自然法则。季节从不会一成不变，虽然偶尔也会耍"倒春寒"这样的小性子，但总归还是顺从自然规律。人类也是如此，也要遵循人生轨迹，适时让位。从幼儿到学生，从未婚到已婚，我们的人生也充满着变化，所以我们要根据这些变化适时地放手、舍弃。

　　一次性做好收纳整理实在很费劲，缓解这一问题最好的办法就是每次换季都收纳整理一次。因为不管是什么东西，只要堆积在一块儿，收拾起来就得费一番工夫。所以不妨跟随自然的脚步，每当季节更替时就来一次收纳整理。

　　春寒即将退去时，最先要收拾的是冬被和棉衣。可以将厚厚的冬被收起来，换成稍薄但又暖和的被子；把羽绒服和厚夹克也整理好，拿出轻薄的春夏装，只留下一两件能抵御"倒春寒"的衣物即可。

　　同样，厨房也需要按季节进行整理。例如，可以收起冬天用的厚重马克杯，换成夏天用的清爽玻璃杯。

　　另外，别忘了收起电热毯之类的小家电，把风扇搬出来。

　　如果不按季节进行收纳整理，再次收纳整理时就会发现要舍弃的东西更多了。不仅食物有保质期，其他的生活用品也有使用期限。尤其是化妆品，如果用了过期的化妆品，就可能导致皮肤过敏，因此要格外注意。

"我家的东西不是很多。"

"我家不是电视上说的那种杂乱无章的家庭。"

我的大部分客户都会这么说,然而一旦开始收纳整理就发现每家都大同小异。从四面八方涌出来的杂物,多得超乎你的想象。

换季时不及时清理,攒到最后一块儿整理的话,人们会发现自己也不知道该扔掉哪些东西了。所以有些客户只要求整理服务,不让扔掉东西。

随着时间的流逝,积攒的物品越来越多,这很正常。有了新的物品,旧的便会被闲置在柜子或仓库里无人问津,然后逐渐变成无法使用的废品。就像四季自然更替一样,我们的人生也有自己的进程,而只有适时地对属于过去的东西进行收纳整理,才能更好地发挥新东西的价值,该扔掉的东西也才能越来越少。

05 收纳整理就是活在当下

"这次收纳整理使我感触颇深。真没想到家里竟然有这么多没用的东西，而且还都是为了给别人看的。多亏了这次整理，我才有了机会回顾自己的人生。真是太感谢您了。"

手机屏幕忽然亮了，原来是收到了一条短信。想起这位发短信的客户，我不禁露出笑容。我想，要说谢谢的应该是我。

一般来说，收纳整理过的房子较之前肯定会有所不同，而这位客户的家在整理后的变化简直称得上是天翻地覆，所以我对她的印象格外深刻。

她家很小，连客厅都没有。一年前，因为经济状况出现问题，她们一家不得不搬到这个只有以前房子一半大的新家。她的儿子正在读高中，爱好是收集公仔，所以家里有很多公仔。再加上女儿收集的芭比娃娃和丈夫从国外买回来的各种装饰品，家里堆得满满当当。

而且她家摆放的照片也全是过去的老照片。结婚照还算说得过去，但她丈夫服兵役时的照片，还有她自己上高中时的照片竟然也都还摆在外面。儿子都已经上高中了，墙上还挂着他的周岁照。总之，屋里几乎看不见他们的近照，这是最让我感到奇怪的一点。

这位客户的妹妹实在是看不下去她家的杂乱样子，于是找到了我，请我上门帮忙整理。我拜访她家时，她佝偻着身子开门迎接我。只需一眼我就看出来，她一直生活在再也回不去的"过去"中。她给人的第一印象是很阴郁的。她的妹妹私下告诉我，姐姐因为家道中落患上了抑郁症。妹妹不忍心看她这样，所以请我来的目的就是狠狠地刺激她，让她彻底改变这种"怀旧"型的生活方式。说实话，当时我也辗转反侧，经过一番斟酌后才开始下手整理。

　　这样的一个客户竟会给我发感谢短信，我自然很是欣慰。通过这次收纳整理我领悟到：善于收纳整理的人注重的是当下，是现实生活；而不爱收纳整理的人则总是生活在过去，他们用的东西是从前买的，挂满衣柜的衣服也是从前穿的。

　　不论之前住的房子有多大，收纳整理都是针对现在的这个家而言的。一个现实的人，应该懂得珍惜当下，懂得和不幸的过去告别。

　　如果家里的东西多到无从下手，那就要反思一下自己当前的生活状态了。不穿的衣服就应该丢掉，或者是尽快送给身边需要的人，还可以把它们捐给"爱心小屋"。如果真的是一定要珍藏的东西，那么可以把它们装进回忆箱子，或者用文件夹保存好。

　　由于工作的特性，我平时接触的大多是家庭主妇。她们之中很多人虽然家境非常富裕，但内心却极其孤独。究其原因主要是她们无法走出过去的阴影。寂寞加疲惫，任谁也没有精力再去打理家务了。我借收纳整理的机会接触她们，得以窥见了她们的内心世界，她们的这种心理轨迹，不禁令人感慨万千。

清理是一种选择，而选择是自己权力范围内的事情。哪些东西要丢掉？哪些东西要留下，要留多少？为什么要留这些东西？留下后要怎么使用它们？选择的过程总是伴随着类似的一连串疑问。

同时，选择的过程也是一个自我反省的过程。面对眼前杂乱无章的东西，人们可能会感到一丝羞愧。

帮客户进行收纳整理时，经常能从沙发底下翻出不少东西。

"这些东西您想怎么处理？"

"天啊，我怎么把这个东西放在这儿了？"

为什么把这类东西藏在沙发底下？这也是我想问的话。其实客户也知道那些东西本是早应该扔掉的，这时她们也感到有些羞耻，觉得自己是不是有点儿懒。

我们有时明知有些东西该扔掉了，却又很难爽快地直接去实行。一想到要扔掉什么，就会犹豫不决。因为关于什么样的东西该丢掉，我们并没有一个明确的标准。但是，只有扔掉一些东西，留下的东西才会显得更加珍贵，我们也能从中获得更大的满足感。因此我们需要一个有关"丢弃"的明确标准。

不穿的衣服，不用的锅碗瓢盆，塞在角落里的杂物，把它们统统都拿出来吧。这时关于其中一些物品的或开心或难过的回忆就会浮现在眼前，还有一些物品我们已经完全记不清它们的来龙去脉了。那些承载着过去回忆的东西就让它留在过去吧，而那些还能用的东西就让它从现在起继续发挥价值吧。这样我们便可以做到不沉迷于过去，不寄托于未来，而是只重视当下的生活。

06 收纳整理就是掌控生活

　　我结婚已经 11 年了，但我很少买厨房用具。我丈夫有时会提到是不是应该买烤面包机啊、蒸箱啊、咖啡机啊等东西。

　　"我们买一个烤面包机吧！"

　　"买它干什么？平底锅烤着吃不也是一样的吗？"

　　"平底锅多慢啊！早上那么忙，用烤面包机多省事！在公司一楼买咖啡和烤面包片套餐吃的时候，我总觉得这个钱不该花，舍不得。少买几次套餐，省下来的钱就够买烤面包机了！"

　　"好吧，那买一个吧。"

　　后来丈夫果真买了一台烤面包机，但就用过几次。

一开始他还到处炫耀烤面包机有多好用，家里烤出来
的面包有多好吃。但一个月不到，烤面包机就被丈夫
搁置一边了。

最近，我可能是因为工作太累了，身体有点儿不
舒服，总会不自觉地捶打身体的各个部位。

"你怎么了？"

"肩膀有点儿疼，胳膊和手腕也是……"

"不是有那什么石蜡吗？就是医院用来做理疗的那
个，我们买一个吧。"

丈夫听到我胳膊疼，就劝我买东西。

家庭的日常消费大概就是这样。有时候心血来潮，
想着有这个东西就方便了。但当真要买东西的时候，
一定要慎之又慎。如果决定要买，就要好好考虑这个
东西是否符合自己家的风格，买后是否能充分发挥它
的价值。此外，还有一个很重要的问题，那就是在准
备购物之前一定要再三确认自己已有哪些东西，只有
这样才能准确无误地买到真正必需的物品。

据说，人的内心越是空虚，就越想靠买东西来抑
制心里的不安。有人会为了买自己完全不需要的东西，

在商场和超市浪费大量的时间和金钱。有时甚至都不清楚这个东西家里是不是已经有了就直接买，结果同样的东西买了很多件。有很多人把东西买来了，却放着不用。例如，像榨汁机、红参机和酸奶机这种因为偶尔的需求买来的物品日益增多，使用的次数却屈指可数，更别提这种电器没多久就会更新换代。

所有收纳整理得不好的家庭都有一个共同的特点，就是多余的东西太多。他们会囤积很多内衣和袜子，明知够穿了，还要买来囤着。尤其是很多女性喜欢购买成套的女士内衣，甚至可以做到 30 天换着穿不重样。

的确，一次多买很划算，就像捡了大便宜似的。一方面，这会让人心里很满足，觉得自己勤俭持家；另一方面，人们会误以为自己穿上某件衣服后也能和模特儿一样漂亮，于是心中不禁窃喜。

我过去也曾有过类似的经历。我是家里的第三个女儿，也是五个孩子中最小的一个。孩子们一天一个样，噌噌地长，而父母又没条件经常给我们买新衣服。所以作为家里的老幺，我只能穿姐姐们穿过的旧衣服。

可能就是因为一直对这件事耿耿于怀，所以我工作后花在买衣服上的钱最多。但我也买不起多贵的，一直都是买一些便宜货。我后来发现，很多衣服只是款式相似，颜色不同罢了，甚至还有一模一样的。其实我根本不知道什么样的衣服适合我，只是盲目地买了很多便宜的衣服。

现在我也会经常打开衣柜看一看，那些衣服中既有不买会后悔的，也有本身是好衣服但并不适合我的。虽然会经过一番心理斗争，但我最终还是决定把不穿的衣服送给身边适合的人或者直接卖掉。

原来连衣服都买不好的我，自从从事收纳整理行业后，变了很多。我减少了不必要的花销，买必需品时也会挑选质量好的、耐用的。可以说收纳整理不仅改变了我的消费模式，还改变了我的生活。

形成一个收纳整理的好习惯，人们就能清晰地分辨出该买和不该买的东西。做好收纳整理不仅可以腾出更大的使用空间，还可以减少不必要的消费，节省家庭开支。每月都要支出好多钱，但仔细一算就能知道这些大钱事实上都是由一点一滴的小花销聚合而成的。如果可以通过收纳整理来获得对物品的掌控力，我们就可以做到合理消费，避免盲目浪费。

▲ 通过收纳整理可以准确掌握家中物品的数量和种类，从而进行合理的消费。

第二部分
Part Two

一天十分钟,
整理变轻松

01 低成本翻新屋子

　　每个人都有自己的整理方式，只不过用时和频率不同罢了。有的人每天都在整理，有的人则一周整理一次，也有的人一个季度整理一次，甚至还有人一辈子都在纠结要不要整理。

　　每天整理的人，他们的屋子整体上已经很整洁了，因此通常只需要对一些细节稍作调整。比如收拾下班后换下来的衣服，准备早饭时顺手把沥干了水的餐具放回碗柜等等。对于家庭主妇来说，每天早上丈夫和孩子出门后，她们还要花一上午的时间来进行整理。单身的上班族们通常只有周末才有时间进行整理。到了周末，他们把攒了一周的脏衣服扔进洗衣机，打开吸尘器，再把乱七八糟的物品归回原位。

不过，除了这些日常整理外，我们该在什么时候进行一次大整理呢？答案就是"分手"的时候。

想必很多人都有过这样一种经历。决心分手后，便将照片、戒指、信件、礼物等所有和那个人有关的东西都收进箱子里。虽然有些人很有可能不忍心将这些东西扔掉，但至少也会做一番整理。

对"什么时候想整理"这一问题，很多人的答案都是人生经历重大变化或发生重大事件的时候。这里便包括我在前面提到的"分手"的瞬间，但我想说的不仅仅局限于男女之间的那种"分手"。

子女成家，父母辞世，这些都算是因"离别"而"分手"。此外，近来很多初高中生会离家去上寄宿制学校，这也是一种"离别"。诸如此类，只要是有人要离开家，都需要进行一次整理。

不仅是"离别"，"回来"和"相遇"也是如此。家里添一个新成员——最典型的就是新生儿的诞生，这时原本只是夫妻俩使用的房间就需要整理一下，为宝宝腾出一些空间。如果孩子想要养只小狗，我们还要给小狗腾出一些空间，摆放宠物用品。不管是谁，只要是这个家的新成员，我们都要为其提供活动空间，可见学会收纳整理十分必要。

随着孩子的成长，我们也需要不断地整理。孩子入学前后的变化不容小觑。孩子5岁，还没开始上小学的时候，物品主要以玩具为主。到了六七岁，孩子就需要书桌了，这时也该给孩子的房间来个大变样了。

搬家或旧房翻新前后都必须来一次整理。此时若不整理的话，这次搬家或翻新将会变得毫无意义。虽然大家普遍认为整理当然要在搬完家或装修完毕之后进行，但是擅长收纳整理的人在这之前就会有所行动。因为如果能在搬家和装修前就把要扔的东西整理出来，那么可以节省很大一笔费用。

不管是搬新家还是旧房翻新，之前的家具都有可能与新空间的风格不搭。因此我们只需要留下或者重新购置符合新家装修风格的家具，剩下的家具就可以扔掉了。

很多人会想，反正搬家后还要再把所有的物品都拿出来整理，不如就先随便堆起来，没有必要收拾得很利索。但我们可以换个角度思考一下，就拿衣服来说吧，要是随便堆起来就会变得皱皱巴巴的。所以说，搬家是搬家，整理是整理，完全是两码事，最好不要混为一谈。

此外，并不是只有通过搬家或装修才能体现整理的价值。相反，如果没有条件搬新家或重新装修的话，整理同样可以让你的家焕然一新。因此可以说，收纳整理的性价比远高于装修或翻新。

屋里没用的东西太多，就需要整理了。东西过多，在某种意义上意味着你也不知道自己都有什么。因为不知道，所以总是买新的。如果这时进行一次整理的话，就可以清楚地掌握这些东西的情况，避免重复购买。

"衣服倒是不少，但没有能穿出去的。"

这句话我们经常挂在嘴边。意思是虽然衣服很多，但都不够好看或不够时尚，没法穿出门。当今世界以超乎想象的速度不断变化，尤其是科学技术日新月异，各式各样的商品也飞速更新迭代。还记得有一次我在电视购物频道上买了一套化妆品，但还没等我用完，那款化妆品就升级了，于是我就又买了一套新的。同样，电子产品的更新换代也很快，而很多人一出新款就会买，因此很多家庭有好多个同类型的电子产品。

但买东西的速度永远赶不上技术发展的速度。如果一出新产品就买，买回来的东西并不一定全都是我们所需要的。而且用不了一年，家里就会塞得满满当当，甚至连出门时要穿的袜子都找不到。

如果生活发生了变化，或者想要寻求变化，那就一定要进行整理。比如迎接新的家庭成员时，或者与深爱的家人分别时，又或是离开熟悉的环境搬到新的住所时，我们都可以通过收纳整理来好好地认识并接受这些变化。

小贴士

最需要整理的时刻

√ 新的家庭成员加入时

√ 有家人离开时

√ 孩子进入新的成长阶段时

√ 搬家或是装修前后

√ 物品积攒太多时

√ 觉得家里需要有所变化时

02 快速上手三步法

近来收纳整理逐渐成为热门话题，仅在我写这本书期间，就有好几本相关书籍问世。这些书有的阐述了通过整理可以变得富有的观点，有的从如今取得的成就出发，反证舍弃的重要性，并具体讲述了该如何进行整理。总而言之，可以说是精彩纷呈。

此外，在电视、网络等平台上，各种有关收纳小窍门的内容也如雨后春笋般涌现。在网上随便一搜，就会出现很多诸如毛衣叠法、内衣叠法、袜子叠法、冰箱整理法的实用小窍门。

但很多人都对收纳整理存在误解。

收纳整理并不只意味着把毛巾叠放得整整齐齐，

也不仅仅指把干洗店的衣架改造成拖布架再利用。在整理时，我也会对塑料瓶进行再利用，也会把空纸袋子当作收藏袋使用，还会利用咖啡杯托把孩子们的鞋子收纳得整整齐齐。虽说这些收纳整理方法增添了整理的创造性和趣味性，但并不是整理的全部。尽管整理的效果体现于细节，但在细节整理前我们必须要制订一个整体的计划，这个计划很大程度上直接影响着整理的效果。

很多时候，人们整理到一半就再也进行不下去了，这也是因为没有提前制订好整理计划。如果没有任何计划，只是想到哪儿就收拾到哪儿，就很容易感到疲惫。因此，如果你想要好好整理，不妨参考以下三个步骤：

①从外到内进行整理。

②从大到小进行整理。

③不按空间而按物品进行整理。

从最基础的入手，循序渐进，你会发现整理并不难。下面就让我们来分别了解一下这三个步骤吧。

步骤 1：从外到内进行整理

所谓从外到内，指的是在制订整理计划时，我们最先要考虑的不是卧室或儿童房，而应该是阳台。阳台才是最需要优先整理的地方。

阳台上堆着各种各样的东西，有些我们甚至已经忘记了它们的存在。比如几年前没用完的壁纸，想送给谁又忘了送的礼物，孩子长大了再也用不上的一些玩具、书本、衣服，还有用了一两次就闲置了的足部按摩仪等等。这些东西很多都是没必要的。

阳台上有该丢掉的东西就先爽快地丢掉吧。只有这样，等到整理完屋子后，那些整理出的有用的东西才有地方放。比如一些季节性的，或者是不常用的物品，以及一些占地方的大件就很适合放在阳台上。

步骤 2：从大到小进行整理

所谓从大到小，指的是要先明确家里每个空间的用途并制订大致的整理方案，然后按照从大件家具到小件家具的顺序开始整理。而家具里放置的物品要等到后面再整理。只有这样才能确定空间整体布局，继而确定家具内摆放的物品。在制订整理方案时，家具布局是关键。

　　既然要根据每个空间的用途从大件家具入手进行规划，那么就不能把家具摆放在与它毫不相干的空间里。比如夫妇俩的卧室里摆着一张大书桌，甚至还有的家庭把梳妆台摆放在厨房里。如果能够体现空间功能的家具不在这个空间里，那这个空间也就没有了意义。因此在购买家具时，我们应该首先考虑空间因素，再慎重地做出决定，并且尽可能买体积更小的家具。

　　当我们对房子的布局感到厌倦，想要寻求变化时，只需重新定义每个空间的用途，并将家具搬到与其功能相符的空间中，家里瞬间就会面目一新。

　　拼图是由一小块一小块的小图组合而成的，而收纳整理却恰恰与之相反。我们首先要明确自己要整理的房间是什么用途，并通过调整家具摆放的位置确定房间的整体布局，然后再由大到小进行填充。虽然整理与拼图的过程不同，但二者结果却是一样的。而且在整理的过程中，我们甚至还会获得比完成拼图更大的成就感。

步骤 3：不按空间而按物品进行整理。

在整理时，我们不能以空间为单位来进行整理，而是应该根据物品来进行整理。一般情况下，人们都会一个一个房间地进行整理。如果不以改变房子空间布局为目的，这样做也未尝不可。但若是在搬家或者重新装修房子导致空间布局发生变化的情况下，收纳整理就一定要以物品为单位。只有这样，整理后的房间才不会过几天就恢复原样，而是可以长时间保持整洁。

举例来说，如果我们要整理衣服，就要把所有衣服——包括放在干洗店的衣服，都拿过来放到一起，然后再决定每件衣服要放在具体的哪个房间的什么位置。

如果一位家庭主妇此时环顾四周，会发现主卧、客厅甚至是厨房，到处都丢着丈夫和孩子们的用品。此时，这些东西全都需要拿出来放到一起，再分别放到该放的地方。

> **收纳整理的基本顺序**
>
> *把所有物品全都拿出来→分类→整理*

　　在此我想再次强调，整理的时候一定要先定好大的框架，再慢慢打磨细节。因为整理并不只是把袜子叠得整整齐齐，如果只是纠结于细节而不在乎整体布局，那就永远做不好整理。收纳整理须从整体布局出发，再考虑细节，这是一个原则。

03 不跟风，打造我的特色

每个空间都要有其用途

我在受委托上门进行整理时发现，很多家庭对空间的规划都很模糊，甚至分不清哪个是卧室哪个是客厅。有些有小孩的家庭，客厅已经成了游乐场，连主卧也因为孩子和父母一起睡而堆满了儿童用品。这样一来，无论是孩子还是父母，都没有自己的独立空间。

即使孩子已经长大了，一些家庭依旧如此，空间的划分非常模糊，连一间像样的书房都没有。有些家庭的卧室里既有大屏电视又有书桌，父母一边看电视，一边督促孩子看书学习，还希望孩子勤奋好学，学有所成。

几年前，我去帮一位客户整理房子。当我走进他们家儿童房的时候，发现儿童房的窗户被杂七杂八的物品挡住了，整个房间显得非常昏暗。

"为什么把窗户挡住了？"

"玩具太多了，加上孩子又不怎么进这个房间，日积月累就堆成这样了。"

虽说有单独的儿童房，但如果孩子连进都不进，甚至还被堆成仓库的话，那么就不能称其为儿童房。

所以整理时一定要先确定好每个房间的用途。如果一间儿童房沦为仓库，那么这个房间就失去了意义。

不过，有时由于种种原因，一个房间确实要具备多种用途。例如，如果房间的数量小于家庭人口数量，可以将学习室和书房合并，同时把客厅当作一家人的公共空间和孩子们的活动区域来使用。

空间用途的规划要基于家庭情况

有段时间，把阳台装饰得像咖啡厅一样的公寓风靡一时——幽暗的灯光下摆放着咖啡桌，让人想要坐下来悠闲地喝上一杯。不过这股咖啡厅式阳台的风刮了一阵，也就消失了。虽然看起来很有感觉，以至于有些家庭甚至扩建阳台或者把室内也装修成咖啡厅风格，但这样的装修风格只在营造了几次气氛后就派不上用场了。

　　每次上门提供整理服务时，我都会先打听各个空间的用途。你也许会认为，大部分房屋结构差不多，客户们的回答也一定大同小异。但如果仔细倾听，便会发现，没有如出一辙的答案。因为住在这些房子里的人不同，其用途也就不同，所以只有到每家每户去实地考察，才能准确地把握各个空间的真实用途。

　　也就是说，每家每户都有自己的特色，情况也各不相同，因此别人家装修和整理得再好，也不一定适合自己。

　　我曾经也跟过风。那时我刚结婚，去别人家做客时，觉得他们家客厅里的书橱很有感觉，非常高端大气。于是，我回家把书全翻出来，将客厅装饰成了书房。但说实话，我从来没有在客厅里正经地看过一本书。

后来有了孩子，我就把客厅里的书橱搬进了其他房间，直至最后也没在客厅看几本书。

我因为跟风，失去了自己的个性。所以，无论看起来有多好，只要不适合自己，那就大胆放弃，因为那是"别人的品位"，我们没有必要盲目跟风。

现在我的家就和别人家不一样。就像我羡慕别人家一样，说不定也会有人羡慕我的家。如果总是和别人作比较，只会产生无止境的欲望，我和我的家人也不会幸福。

只需收拾一下凌乱散落在屋内的东西，再重新整理一下那些已经失去功能的房间，我们的家就会焕然一新。所谓的家，是人们生活的空间和想要待着的地方。如果家里的每处空间都能按照当初规划的用途发挥作用，那我们的家就是最好的家。

04 为每个家庭成员提供独立空间的方法

"你住哪儿？"

"我住公寓。"

"独立住宅吗？"

"不是，别墅。"

对于这类问题，大家都毫不犹豫地作答，因为大家都想趁机炫耀一下自己的房子，于是就开始介绍自己家的地理位置如何如何好，面积有多大等等。但如果我们换个问题会怎么样呢？

"我说，你现在过得怎么样？"

面对这类问题，我想很多人都会吞吞吐吐，试图转移话题。

　　几个月前，有位客户委托我上门收纳整理。这位客户因为家里到处堆满了衣服而感到非常苦恼。我先打开了衣柜。虽然客户家里只有她和丈夫二人，但是衣柜里却乱七八糟，挂满了各种服饰。不仅衣柜里挂满了衣服，就连床、沙发、地板上也都杂乱地堆满了各种皱皱巴巴的衣服。但这些全都是女主人的衣服，她丈夫的衣服数量连她的三分之一都不到。

　　"没有可以再放衣服的地方了。虽然很想搬到更宽敞的房子里……"

　　"女士，其实这并不是房子大小的问题。"我说。

▼　如果衣服扔得到处都是，光是看着都会感觉很有压力。

我暗自叹了口气，心想这并不是搬到更大的房子就能解决的问题。接着我又去其他房间看了一下，也都一样。其中一个房间干脆装成了衣帽间，里面还有一个双层衣架。

衣架杆上用衣撑挂起来的衣服排列得密密麻麻，上面还有一堆随手搭上去的衣服。可以看出，客户起初应该是很用心地把衣服挂起来的，但不知道何时起就开始随意把衣服搭在衣架杆上了。靠近门的墙边还有个书柜，用来摆放鞋帽。不过与其说是摆放，看起来更像是胡乱堆放。虽然之前也遇到过衣物很多的家庭，但像这家一样衣物这么多的，我还是第一次遇到。

客户似乎看出我在想什么，支支吾吾地解释道："我也整理过，但是……"

客户只要看到自己乱堆的衣服，就感觉不舒服。此外，她从不敢邀请别人到家中来做客，因为觉得这好像是自揭其短。虽然她也想要去整理，但总是力不从心，然后随着时间的推移，她渐渐陷入了自暴自弃的状态。她的丈夫也常常因为整理的问题发脾气，他们时不时为此争吵。客户觉得自己连家务都做不好，既丢脸，又担心丈夫看不起自己，最终连自信心也丧失了。

在这种情况下，解决方案只有一个，就是为丈夫腾出一块只属于他的空间。因此这位客户必须先把自己的物品清理出来，只有这样才能为丈夫腾出一个专门的空间。

于是我和客户讨论起家具的摆放和房间整体布局的问题，随后花了一整天时间进行清理，更是在给丈夫打造独立空间时费了很大力气。快要完工时，客户似乎对那些堆在一边准备扔掉的衣服依依不舍，还在将那堆衣服翻来翻去。

第二天下午，我接到了这位客户的电话。她说她的丈夫早上准备换衣服去上班时，打开衣柜看到熨得整整齐齐的白衬衫挂在里面，十分惊讶。

他看到成套挂好的西装和柜门背面排列整齐的领带后，感激地望向自己的妻子，激动地说："今天想吃什么？要不要出去吃？"

妻子也是时隔很久再次亲自给丈夫挑选领带。那是一条灰底隐约带有粉色圆点图案的领带，然而在整理之前，妻子都不知道家里还有一条这样的领带。

　　就这样，准备上班的丈夫心情变好了，妻子和丈夫有说有笑，心情也十分愉悦。之前，这位客户经常会因为只让丈夫一个人挣钱养家感到心里过意不去，但经过这件事，她真正体会到了自己作为家庭主妇的价值。

　　看到妻子开始用心打理家务，丈夫试探地提议邀请朋友来家里做客。第一次在家里招待朋友，丈夫的精气神一下子都提上来了。听到这些，我也不禁为他们感到高兴。

　　在提供整理服务时，我遵守的原则之一就是要给每位家庭成员创造属于自己的空间。从上一个案例中可以看出，为丈夫腾出空间，并不等于为丈夫腾出一个单独的房间，但是最起码要保证丈夫回家以后有地方放自己的记事本和钱包之类的东西。如果空间不足，也可以将书橱分一格给丈夫专用，或者单独分一个抽屉给丈夫，这些都是可以为丈夫腾出空间的方法。

　　在整理房子时，比起整理出放东西的地方，更重要的是要腾出属于每个人的地方。如果能在家里拥有一个自己的空间，即使待在家里的时间比别人少，也会觉得自己的家更温暖舒适。

同样，我们也需要用心打造属于妻子的空间。

我偶尔会遇到一些这样的家庭主妇，在和她们讨论打造妻子的空间时，他们都说："我不需要。没有我的空间也没关系的……"

其实没有一个人不需要自己的空间。身心健全的人，除了需要吃饭、睡觉、休闲之外，还需要一个属于自己的私密空间。不管有没有工作，有没有兴趣爱好，女性都应该暂时放下妻子、母亲或者女儿的身份，作为一个独立的人来为自己打造专属空间。

这个空间可以不像咖啡馆那样精致。客厅一侧，厨房一角都可以成为我们的独立空间。比如我就会把洗漱台一侧划作我的空间，在那儿放一本我经常看的整理类书籍。虽然不是规规矩矩的空间，但在那里我可以完全专注于自己，可以从容地梳理忙碌的一天，并做好下一步计划。

许多家庭的房屋空间都以孩子为中心。他们把书架堵在全家人生活的公共区域，上面摆满儿童读物。厨房里也放满了孩子吃的药、零食以及孩子用的儿童餐具等等。家里到处都是孩子的东西，甚至连主卧也难以幸免。

孩子小的时候，有些空间不得不和父母共用。但等孩子到了能和父母分房睡的年龄，他们也应该拥有自己的衣柜。尤其是女孩，到了六七岁就可以自己挑衣服穿了。

我们需要将选择权留给孩子。如果母亲只是按照自己的意愿去装饰孩子房间的话，孩子不一定会喜欢。如果一个母亲从不征求孩子的意见，任何事情都按照自己的意愿去帮孩子解决，那么孩子将逐渐丧失做选择的能力。

现在的孩子青春期开始得很早，到了小学三四年级后就开始变得很敏感。他们想要摆脱别人的视线，自由自在，不被打扰。因此在这个时期，一个只属于自己的独立空间对他们来说是非常重要的。

如今很多家庭都养宠物。他们会把宠物也看作家庭中的一员，和宠物一起吃睡，但他们却忽视了一个问题，那就是宠物也需要独立的空间。

有一次，一位上了年纪的客户委托我去家里帮忙整理。我刚一进门，她家的狗就跑出来冲着我汪汪直叫，叫声非常可怕。

"别叫了，快过来。"

那只狗一跑进主人的怀里立马就不叫了，但瞪我的眼神仍十分凶狠。

"最近多亏了这个小家伙，我过得很开心。"

为了更好地帮客户整理，我打算去看一下各个房间的状态。然而我刚一抬脚，脚下突然传来了哔哔声。低头一看，原来是小狗的玩具。不仅如此，客厅里到处都是小狗的尿垫，不仅污迹斑斑，还散发着一股难闻的气味。

"看来狗狗还不会去固定的地方排便呀。"

"我试着训练过，但没太大效果。"

"家里狗狗用的东西很多呀。"

厨房的柜子里放满了狗粮，以及狗狗的药和衣服，每个房间里都有狗狗用的尿垫和玩具。

"我觉得您可以在家里给狗狗圈个围栏。只有有了围栏，狗狗才会意识到那是自己的家。"

虽然人们会将狗狗视为家庭中的一员，但由于没有将狗狗的空间和其他家庭成员的空间明确地分隔开，结果整个房子都变成了狗狗的活动空间。

一家人要想过得幸福，不仅需要共度的时间和共享的空间，也需要各自的时间和空间。也就是说，若想一家人幸福的基础，是要保证每位家庭成员都过得幸福。只有既拥有自己的空间，又有一家人其乐融融的生活空间，才会产生对家的依恋。无论多大的房子，无论是爸爸妈妈还是孩子，都不应该一个人占用全部空间。如果你家有 4 口人的话，那么就请为 4 位成员整理出属于自己的空间吧。

05 给物品找个"家"

在前面提到的收纳整理三步法的第三步中，我们强调过，整理要按物品类别而不是按照空间进行整理。但是在按照物品类别进行整理时必须遵循的一个原则就是：一定要为这些物品找个家。就像我们住的房子有地址一样，房子里的物品也必须有家和地址。

想象一下无家可归的场景。居无定所，四处漂泊，心里该多么煎熬啊。为了过上正常的生活，稳定的生活环境是必需的。因为只有这样我们才可以舒适地休息，才能元气满满地开始新的一天。

对于物品来说也是如此。未归位的物品，人们会以为其已经丧失了功能而将其闲置，然后不知何时又会将其丢弃。而这些物品如果被放到了人们看不见的地方,即便很久后重见天日,也已变成了无法使用的废物。虽然站在人的立场上来看,可以再买一个新的,但如果站在物品的角度来考虑,它们甚至还没来得及充分发挥自己的价值就被丢弃了。

为了最大限度地发挥物品的使用价值,我们需要为每个物品确定一个位置。每次用完后,都要将这些物品放回原处。就像人早上出门,晚上还要再回来一样。

我的客户们在委托我做收纳整理时通常会这么说:

"请帮忙整理一下客厅。"

"请帮忙整理一下卧室。"

这是人们对收纳整理最大的误解。收纳整理的对象并不是空间,而是物品。以空间为对象进行的整理,其效果大多是一次性的。若想让收纳整理后的状态长期保持下去的话,就一定要按照物品类别进行整理。

所以应该这样说才对:

"请帮忙整理一下衣服。"

这句话的意思并不是让我帮忙整理卧室。因为我不单是要整理卧室里的衣服，而是要将家中各处所有的衣服都先归拢到一个地方，然后再进行整理。

整理厨房用具也是一样，不仅是要整理厨房内的物品，只要是和厨房相关的物品都得一起整理。

此外，请我帮忙整理阳台的客户尤其多，但阳台是典型的不能单独整理的地方。整理工作开始时，阳台是首先要清空以留出存储空间的地方，也是屋内整理完后，用以收纳的地方。也就是说，阳台是整理工作开始和结束的地方。所以我在整理东西时，总会根据阳台的剩余空间去判断哪些东西要扔，哪些东西能留。

有一次，一位客户请我去整理衣服。当我将衣柜里的衣服都拿出来后，发现里面竟然还放着浴室用品、书、工具等各种各样的东西。我和客户都感到难以理解，但我们只是笑了笑没说话。从十年前买的东西，到刚买一周就被遗忘的东西，衣柜里真的是什么都有。只用过一次的东西放进这样的衣柜里，自然很难再找到。

"天哪！原来在这里啊！"

"您找到了什么？"

"几天前怎么找也找不到的 U 盘，原来在这里啊。之前孩子问我有没有 U 盘，我记得丈夫进修回来时明明给我带了一个，但在客厅里怎么也找不见。这些东西一般都是放在客厅的抽屉柜里的，真奇怪。"

"奇怪吧！我也经常会惊讶地发现一些物品的位置和我记忆中存放的地方不一样。这时最好能给这些东西找一个固定的位置。比如说客厅的抽屉可以专门用来放遥控器、各种电子产品说明书和电线。"

"有道理。我早上经常要帮孩子们找东西，一找就得找半天。哎呀，这不是小儿子在学校上美术课时穿的围裙嘛，我以为他给弄丢了，还说了他一通呢……"

这位妈妈可能是对孩子感到抱歉，一时语塞。这也难怪，想到一大早就把要上学的孩子训了一通，心里肯定不是滋味。

如果物品没有明确的摆放位置的话，就会到处乱跑。而主人要想找到这些东西的话，即便翻遍整个屋子，也很难找到。为了找起来方便，我们需要整理，而整理的方法出乎意料地简单。先分类再整理就可以了。一般家里的东西可以大致分为服饰、鞋类、工具、书籍、医药品、厨房用品、季节性用品以及兴趣用品等。

分类进行整理，还能帮助我们清晰地分辨出某个东西是谁的，该放到哪个房间。比如说服装类，首先要明确这些衣服是谁的，然后再按季节进行分类，最后再按用途分类，分成正装、休闲服、高尔夫服、运动服、居家服、睡衣、韩服等。

不过也不必分得过细。衣服不用全都叠得整整齐齐，把袜子翻过来也没关系，只要保证把同类的放在一起就可以了。比起整齐美观地叠起来，同类归放更重要。很多人所谓的整理，只是将时间和精力耗费在如何把物品摆放得整齐美观上面。这种整理方式的效果不仅维持不了几天，而且会让人因为太累而不愿再进行第二次，于是就又回到之前的整理方式，即把东西堆放在看不见的地方。

做作业的孩子突然急着找妈妈。

"妈妈，我的固体胶呢？"

"我怎么知道啊？你上次不是说没找到就又买了一个吗？"

"是啊，可是我怎么找也找不到。难道家里有黑洞？东西总是凭空消失。"

"唉，每次你想找什么东西都说找不到。"

然而这些东西并不会不翼而飞，问题在于主人没有为其指定一个专门的位置，也没有将其放在该放的地方。一件物品若不和同类的物品放在一起，人们就会怀疑自己到底有没有这个东西，然后找着找着没找到，就又买了新的。

一次性将很多种类的东西整理到同一个地方的方法是不正确的，因为这样就很难一眼看穿东西的数量，也不易在东西丧失使用价值前用完。如果忘记了，时间久了这些东西就会损坏或散发出异味。但如果能为物品指定好存放位置，使用时拿出来，用完再重新放进去，只要遵守好这个规矩，只需整理一次，效果就能维持一辈子。

就拿我家孩子举例，他放学回家后，总会先进自己的房间，把书包放在书桌旁边的筐子里，然后换上居家服，把脱下来的衣服用衣架挂起来放进衣柜，把要洗的袜子之类的衣物放在洗衣机旁边的桶里。最近他觉得好玩，还把袜子卷成球，然后投进桶里。要是能"咻"地一下投进去，他就开心得不得了。要是投不进去，他就嘟着嘴把袜子捡起来再放进桶里。而以上的一连串动作，他在短短五分钟内就完成了。所以我根本不需要另外再整理，家里总是能保持干净整洁的状态。

丈夫回家的时候也是如此。他一进卧室就把自己身上的东西都掏出来，把钱包、手表、戒指放在我专门为他准备的化妆台抽屉里，然后换上居家服。丈夫觉得把脱下来的衣服整理好再放进衣柜有点儿麻烦，我就给他买了个简易的衣帽架。丈夫把衣服挂在那上面后就去洗漱了。也就是说，只要确定好每样东西固定的存放位置，整理真的很简单。

▲ 确定好东西固定的存放位置，就能保持干净整洁的状态。

06 丈夫的空间占有欲是无止境的吗？

　　除非是电视剧中的财阀，否则大部分家庭的房子空间是有限的。因此，要想在有限的空间里再为每个家庭成员打造一个独立的空间，真的要好好地考虑一番。

　　我们可以在厨房打造出夫妻享受二人世界的空间。悠闲的周末，两人一起在厨房喝杯茶，分享一周的生活，多么惬意。如果餐桌是可以伸缩的长桌，家里来客人时它能用作茶桌，平时孩子在上面写作业时父母还可以坐在边上监督。而与餐桌相连的餐边柜则可以用来放一些与自己兴趣爱好相关的物品。如果没有餐边柜的话，也可以在墙上钉一排小架子。即使是这么小的空间，也要用心规划，不能浪费空间。

　　并不是说空间小的房子就没办法住。我们完全可以发挥我们的智慧，和家人们共享狭小的空间。都说人越缺什么，就越珍惜什么。因此小房子反倒能让一家人学会互相体谅。但是，只专注于自己的兴趣爱好，而不考虑家人感受的事也时有发生。

　　"这是什么？"

　　"这是存硬币的瓶子。几年前 10 元硬币不是全面改版了嘛，那时丈夫去银行换的。"

　　"看来您丈夫有收藏的爱好啊。"

　　"你去小房间看看，连特别发行邮票和纪念币之类的东西他都裱起来收藏在那屋里。还有很多不知他从哪儿捡回来的东西。我们家最大的问题就是我丈夫。"

　　客厅里大概有 10 个存钱罐，除了酒瓶、饮料瓶形状的，还有几个小猪形状的，并且存钱罐的数量一直在增加。

　　"这还不是全部呢。我让他不要只攒硬币，去银行换成纸币，但他根本不听。"

"是啊，换成纸币多好啊，那样整理起来也方便。"

"现在去银行换硬币不像以前那么容易了，不知道他是不是因为这个原因才攒硬币的。如果打开一个很久以前就开始用的小猪存钱罐，里面说不定还有旧版的硬币呢。"

关于这位有收藏癖的丈夫的故事，三天三夜也讲不完。而且我听说他还会捡奇形怪状的石头等乱七八糟的东西回来，甚至在阳台上放了很多花盆，买了很多长相奇特的植物回来养。

妻子似乎已经放弃了这样的丈夫，也唠叨过，也发过火，但都没用。但放弃归放弃，妻子仍因家里一团糟而倍感压力。

因为丈夫收集或捡回来的东西太多，孩子们的东西都没有地方放了。丈夫似乎只顾着做自己感兴趣的事，从没有考虑家里其他成员的感受。有时候就是这么奇怪，明明在外面会关心理解别人，但在家里却毫不在意亲人的想法。这位丈夫就是这样的一个人。

家不是只属于哪一个人的，而是全家人一起生活的场所。抽个时间，和家人一起来划分一下空间，整理收纳一番怎么样？通过整理，"谁的东西最多""自己的东西有没有占用公共空间"，这些问题的答案都可以亲眼确认。如果一个人的东西占用了太多空间，就需要腾出一些空间分给其他家庭成员。

将独占的空间与家人们分享，虽然这样一来自己的空间会减少，但整个房子反而会变得更宽敞。总而言之，整理可以加深我们对家人的理解和关怀。

07 重复购买会造成麻烦

我去过很多客户的家，无论哪一家都有一种东西，那就是赠品。过了保质期的食品挤在冰箱里占地方，阳台上堆满了洗涤剂，而主人很可能已经忘记了这些东西的存在。

不管是在网上还是在超市，只要买到折扣商品，我们就会觉得自己占了便宜。但仔细想想，其实并非如此。

买了组合装的内衣，但满意的却只有两件，甚至这两件的大小还不太一样。况且这种组合装内衣，一般是以 16 件或 30 件为单位进行销售的。如果买了不止一个牌子，而是买了两三个牌子的产品的话，数量还会更多。有时候也会试图想把那些不满意的扔掉，但又觉得可惜，于是连吊牌都没摘掉就扔进衣柜里了。

"没用的东西总是越来越多。"

这是我最近拜访的一个家庭的故事。女主人的母亲说超市周年庆时纸巾打折，便买了很多囤在家里。卧室里的纸巾甚至已经堆到了屋顶，以至于房门都打不开。由于担心纸巾山会突然倒掉，母亲每次进卧室都要小心翼翼。阳台上也放满了纸巾和洗涤剂，女主人的母亲说这些还是乔迁宴时收到的礼物。明明家里已经堆满了纸巾，但母亲也不确认一下，只是图便宜，就又买来了同样的东西。本该以人为主的家，现在被这些不知何时才会派上用场的东西占据了大半。

很多上了年纪的人，总是因为东西便宜或者是别人白给就带回家，从不考虑它们有没有用。因为他们经历过生活困难时期，所以这样做也可以理解。但需要让老人们明白，无论是不是免费的东西，在带回家之前，都应该先考虑一下会不会占据太多的空间，以至于给家人们带来不便。如果总是因为便宜就买很多，因为是免费的就多拿一个，因为是别人白给就毫不犹豫地收着，那这个家就不再是家了，而会变成了堆满东西的仓库。

得到免费的东西自然会让人很开心，但大部分情况下这些免费的东西都是派不上用场的，还会造成生活的麻烦。买一赠一的商品一般都是快到期的，可能还没来得及用就该丢弃了。而且赠品大多质量不好，经常用不了几次就会坏掉。

我有一个熟人，他从别人那儿免费得了两台看上去崭新的电风扇，感觉自己捡了个大便宜，但打开一试，一点儿也不凉快。可他又舍不得扔掉，于是那两台电风扇至今还在他家白白占着地方。

不久前，我在电视上看到一位妻子倾诉自己的苦恼。她说丈夫网购上瘾，已经沉迷网购18年，在网上买了大概50件内衣，100件登山服，还有许多从买来就放着没用过的东西。除此之外，缝纫机、头皮按摩仪、除湿器、净水器之类的东西买了扔，扔了买，反反复复不知多少次。房子本身就不大，这样一来东西很快堆得无处落脚。这位妻子还把一部分东西带到了电视台，其中有好多同款商品。有位主持人发现了两个一模一样的东西，问可不可以给自己一个，她毫不犹豫地把它送给了主持人。

观众看到这位网购上瘾的丈夫家中的照片后，都惊愕不已。尽管如此，这位丈夫仍说自己没有上瘾，还大谈自己购物时的快乐。他说当发现自己喜欢的东西时，或者赶在活动结束前完成下单时，心情就会很好；若是没抢到买一送一的商品，他就会产生挫败感并感到烦躁。

为此他的妻子非常苦恼，以至于到电视节目中来倾诉这件事！

虽然大部分人可能并没有像这位丈夫那样夸张的购物欲，但很多时候我们的购物方式和他并无多大差异。虽然我们没有像他那样买了扔，扔了买，但也会重复购买一模一样的商品。一旦觉得有什么物品有点儿不好用或不够用了，就会马上下单买一个新的。看到有赠品的商品时，我们经常会觉得不买就吃大亏了，于是赶紧下单。

如今，想买什么东西，只需坐在电脑前动动鼠标，当天就能收到。超市或便利店随处可见，想买东西不用走多远就能买得到。"升级产品即将上市""买一个就有赠品""写好评还能再多给一个"，我们面对的种种诱惑接连不断。虽然购物时会觉得占了便宜，心生欢喜，但家里的空间却被这些禁不住诱惑买的东西一点点侵占，挤得越来越小。

08 丢弃的标准不是随心所欲

　　每当我看到客户家中塞满东西时，总会感到既可惜又郁闷。他们有的人家中堆满了不必要的物品，有的将衣柜摆到了玄关处，有的连电视柜里、沙发上和沙发底都胡乱扔满了衣服。

　　这些人先是就这么忍着，直到某一瞬间突然想要做出改变或是想要寻求根本的解决之策，这时他们就会委托专业的收纳整理人员上门服务。然而，虽然客户想要有所改变，但由于长期养成的习惯和思维方式，即使他们委托了专业的收纳人士，也会导致整理工作难以开展。

　　"真的不扔掉吗？这样的话，我们很难按您的要求进行整理。"

当我感到为难的时候，我会这么和客户说。但有些客户还是无法改变自己的想法。不过，我也能理解他们的心情，下决心舍弃自己的物品不是件容易的事情。虽然家里的东西很多，但真要扔掉什么的话，还是会有一点压力。每次遇到那些因为不知道要扔掉什么而苦恼的客户时，我也感到很苦恼。

"明明总想着要好好整理一下，怎么真正开始整理了，又不知道扔什么好了？！"

其实收纳整理的过程就是一个自省的过程。家中的东西，大部分都是因为自己喜欢才买的，但人们却会在某一瞬间产生"我为什么要买这个东西"的疑问。

有一位客户家中的碗碟一个个单独看时，都挺好看的，但摆在一起时却不是很协调。而且这些碗碟数量庞大，光是那些款式过时的碗碟，就能装满满一箱子。对于一个三口之家来说，数量着实有些夸张了。有一些复古风格的碗碟，是客户的母亲送的，但它们只符合母亲自己的喜好罢了，和真正用这些碗碟的客户一家的风格相去甚远。

"妈妈担心家里来客人时餐具不够用，所以就让我多备些放在家里。"

家里不会天天都有客人来，而且现在的习俗也变了，即使来了客人，通常也是到外面去吃，最多就是在家喝个茶而已。当然，这位客户家除了碗碟很多，杯子也是各式各样，种类齐全——成套的红酒杯、洋酒杯、欧式下午茶茶杯、传统茶具等等，而大部分都是没用过的新杯子。

如果仅仅是这些餐具还好说，但厨房里还囤积着大把大把的木筷子、牙刷、几十个泡菜收纳盒、买一赠一的商品，以及各种都没怎么喝的茶叶和速溶咖啡。我看到那些明明不会用的连锁餐厅的纸巾和一次性用品塞满整个抽屉时，差点儿昏了过去。这些"以后总会用到"的物品正一点一点地侵占一家人的生活空间，而这位客户却丝毫没有意识到这一点。

人们总是在买东西上花费大量的时间，但买回来后又会随意地堆在一旁。久而久之，家中的东西越堆越多，等要使用时却又什么都找不到，于是又开始买东西，形成恶性循环。

当家中出现我们用不着的东西时，我们必须要把它们清理掉。但是，此时我们必须牢记清理的标准。如果没有任何标准，一味地清理东西的话，说不定会把有用的东西清理掉，之后只能重新购买。一旦再次购买之前被扔掉的东西，我们下次清理时就会左右为难，不知道该不该扔。

那么我们需要确立怎样的清理标准呢？第一，要清理家人现在不用的东西。第二，在同样的东西有很多个的情况下，从中挑出能用的，剩下的则清理掉。那些平时不怎么用，却是必要的物品，最好单独存放。

几年前，我接到了一位客户的委托，遗憾的是我没能帮她做好真正意义上的整理。当时我先是帮她确定了空间的整体布局，接着调整了几个大件家具的摆放位置。但随后就出现了问题。

"您首先得把衣柜里的东西都拿出来。"

我和员工们一起，把衣服全部拿了出来。衣柜里的衣服实在是太多了，此外还有许多背包和饰品，好像客户从小到大使用过的东西一件也没扔掉，都在里面似的。

"您把不用的东西挑出来吧。"

那位客户拿起一件衣服，又放下，又拿起，又放下，如此反复了很多次之后，才终于将不穿的衣服、不用的背包和饰品都挑出来放在了右边。结果那些不再使用的东西竟然比正在使用的东西还多。

"在剩下的这些东西中，再挑一些您爱惜的吧。"

话音刚落，那位客户就像早就准备好了一样，又开始进行挑选。这次也花了很长时间，最后再次从中挑出了一大半。

"衣服还是太多了，您打算怎么办呢？如果您执意要将这些都放进去的话，我也不确定是否能放得下。即使能放进去也维持不了多久，没办法达到真正的整理效果。"

"我总是舍不得扔。之前有件衣服，我好不容易才下决心把它扔掉，结果没想到后来又需要了。从那之后，我总担心需要的时候没衣服可穿，就更没法扔了。我都是把要扔的东西先攒起来，然后把它们堆到一边。

唉，我做的整理啊，就是把堆在一边的东西挪到另一边。"

　　没有人一开始就能毫不犹豫地把所有不需要的东西都扔掉。所以我们要慢慢练习如何扔掉那些不再使用的东西。前面我讲到了扔东西的标准，在连扔掉符合那两条标准的东西都犹豫不决时，可以想一想我们亲爱的家人。如果将扔掉无用的东西当作是为了家人的幸福而迈出的第一步，那么"扔"将会变得非常简单。

09 家中房门务必敞开

有一次，我去一位客户的家里估价，但有一扇房门只打开了三分之一，导致估价很难进行。令我没想到的是，这位客户却并不在意，表示房门就算只打开一点点也没关系，因为房门后面堆满了各种没用的东西。

房门只打开一点的房子，就像是聊天时没有敞开心扉的人一样。我们与这样难以沟通的人能聊得很好吗？估计就算有想要说的话，也会咽回去吧。只有自己袒露心扉的聊天，肯定会让人觉得吃亏。房门微掩的房子，莫名地会使人的心门也关上。房门虽说打开了，但是没有完全打开，参观房间的人只能透过门缝稍微地看到一点，这会让人感到非常尴尬。

　　大家都将紧闭的房门完全敞开吧。如果家中房门一直紧闭的话，就要好好整理一番了。为了使房门能完全敞开，可以重新调整家具的位置。站在门口处往里看时，房间要看上去非常宽敞明亮，而且目光所及之处要非常干净整洁，让人能够阔步迈进去。

　　但是家里房门紧闭的房间要比想象中的多得多。我见过很多人家里不仅卧室、书房的房门紧闭着，就连多功能室、阳台都塞满了东西，以至于门都打不开。

　　很多人会将衣柜放在阳台上，或是将衣服挂在带轮子的简易衣架上。我遇到过一位客户，由于家中只有一个衣柜，放不下一家四口人的衣服，所以就在每个房间的门上安装了一个 X 形的木制衣架。结果衣服太重，导致房门开裂，门扇连关合都困难了。

　　有一次，我去了一个面积非常狭小的老式公寓。这个小房子一共有三个小房间，住着一家四口人。每个房间都塞满了东西，好在厨房里只放了最基本的必需品，留出了足够一家人吃饭的地方。但是每个房间的房门都只能打开一半。

这位客户的女儿正在读高中，她的房间也与其他的房间一样，房门只能打开一半。推开房门，我看见房间里面摆着一张桌子，桌子左边立着一个书柜，右边则是一张床。由于书柜比较大，再加上门后挂着很多衣服，所以房门没办法完全打开。

而在书橱的上面，也堆了很多物品，比如孩子的书包、帽子等等。当我走进房间想要看一看门后的情况时，突然有什么东西跳了出来，原来是只猫。这只猫看到陌生人后立刻变得有攻击性，鼻子里发出"嗡嗡"的声音。

客户笑着说，这只猫已经和他们一起生活很久了。猫的体型看上去非常健硕。这时我才想起来，刚进玄关的时候，窄小的鞋柜旁好像放着猫碗和猫的玩具。

"这门后面都挂着衣服啊。"

"房子太小了，没有多少收纳空间，只能这样了。"

"可是这样的话，门不就打不开了吗？"

"没有放衣服的地方我们也没办法呀。所以只能在墙上先装个简易衣架，不然更没地方挂衣服了。"

"要是换一个小一点儿的书桌的话，旁边就能再放一个衣橱了。那样的话，不仅衣服有地方挂，房间也会变得整洁。"

人们通常很难客观地看待自己的家。随着时间的流逝，家里的东西逐渐变多，这时人们开始苦恼该怎样进行收纳整理，然后就选择这种房门也打不开的收纳方式。但是房门不能完全打开的话会产生一些死角，宠物们就喜欢在这些隐蔽的死角活动，结果一不小心就会吓到来访的客人。

这位客户家中的房门之所以打不开，不仅是因为那些挂在门后的衣服。为了让孩子在家中随时随地都能看到书，这位客户家到处都摆着书架。但我们不妨想一想，即便是这样做，孩子们就真的会经常看书吗？我觉得这不仅不会有什么太大的效果，反而还可能让孩子被散落在地上的书伤到脚。所以，希望孩子多读些书，增加些知识，长大后成为一个优秀的人，只能说是家长一厢情愿罢了。与其将书摆得到处都是，还不如直接给孩子准备一间书房，或是一处专门读书的空间。这样一来，孩子不仅在学习时会更加专注，还能在读完书后做好整理。

而那些被遮挡住的死角，不仅没办法好好整理，打扫起来也很费劲。于是家中就陷入了物品堆积如山和无法打扫的恶性循环之中。不好好打扫这些地方，家人的健康也会受到影响。

都说门是气的入口，看风水时，门是极为重要的考虑因素。狭窄的门会导致屋子昏暗，影响空气流通。所以，希望大家今天就开始整理，让每一扇房门都能完全敞开。就像爽快地打开心扉一样，打开所有的房门，仅是做到这一点就非常有意义了。当我们把房门完全打开的那一瞬间，家人之间紧闭的心门也将一同豁然敞开。

10 将物品放在目光可及之处

我曾在电视上看过这样一个广告。一家人有客来访，急急忙忙地整理了一番。但恰巧在主人暂离开时，这位客人突然需要什么东西，打开了眼前的一个柜子，结果柜子里塞满的各种各样的东西瞬间哗啦啦地倾泻而出，砸到这位客人的头上。这种事情难道只发生在电视里吗？我们在收纳整理的时候，只要是看到能放东西的缝隙，不也是一个劲儿地把东西往里塞吗？

不管是什么东西，都要适量拥有，这关乎我们对生活的掌控。当我们拥有过多的东西时，反而会出现生活被物品掌控的主客颠倒的情况。

我们整理冰箱的时候，总是会清理出一些要扔掉的食物。冷冻室里塞满了不知道什么时候放进去的肉、糕和鱼，冷藏室里也会偶尔发现烂掉的蔬菜。

吃的东西都这样，更不用说那些我们认为耐用的家电产品了。我们整理阳台时，常常会发现闲置的按摩器或足浴盆之类的小家电。这些小家电如果长期不用就会坏掉。就像死水易臭一样，不用的机器也很容易老化。如果这些家电是放在我们能看见的地方，可能偶尔还会用一用。然而放在看不见的地方时，我们便会忘记它们的存在。

我们购买一件物品时，花费的不仅是金钱，还有投入的时间与精力。所以清理这些东西，就相当于扔掉了宝贵的金钱、时间以及精力。现代人过度地被物欲支配，甚至还认为拥有的东西比别人多是一种有能力的象征。

电子产品和汽车可以说是男人的心爱之物。就拿手机来说，有些丈夫一听说有新产品上市了，就会争相排队抢购，然而他们平时陪妻子逛街时却很讨厌排队。而且电子产品往往价格不菲，有时候让人忍不住怀疑这些产品真的值这么多钱吗？我还听说过，一对夫妇结婚十年间，丈夫差不多换了十辆车。

人们不会仅仅因为喜欢就去购买一样东西，而是因为我们的内心总有一种欲望，想要通过买某个东西来展现自己的经济实力。有时明明刚换新车没多久，却又逐渐萌生想要换更大的车的念头，这多是欲望在作祟。

频繁的购买行为，不仅表现了一个人的物欲，也清楚地反映出这个人喜新厌旧的心理。有些人为了买一个东西，大清早去排队，一连折腾几个小时，直到筋疲力尽。当人们买到一件十分渴求的东西后，就会感到满足与兴奋，但不久这个东西就变旧，失去价值。如此一来，他们就养成了不停购物的坏习惯。虽然为买东西花费大量的金钱与精力，但购物所带来的快乐却只是短暂的，人们很快还是会再次被购买欲所折磨，于是又会为了再次获得短暂的快乐而去买东西，如此反反复复。

这种被物欲支配的生活是不自由的。人成了物质的奴隶。不停地买东西但却始终得不到满足的购物欲，想要通过买东西来向别人显示自己的表现欲，如果这些欲望超出了正常的范围，就会给我们带来巨大的压力，甚至导致神经衰弱。

我会随时检查家里有没有不需要的东西，还会告诉孩子们，如果有一些玩具不想再玩了，就告诉我。就算我这样定期地整理，家里的东西还是不知不觉地逐渐增多。

即便我什么都不买，也会收到一些礼物，孩子们也会带回来一些东西。所以不管怎么样家里的物品都会增多。我们要记住，清理掉的没用的东西一定要比买回来的东西多才行，只有这样才能维持家中物品的平衡。如果做不到这一点，家中不断增多的东西，总有一天会脱离我们的控制。失去控制就意味着危险。所以，不论帮哪位客户家里做整理，结束后我都会嘱咐他们："真正的整理现在才开始，如果我们无法控制物品，我们就会被物品所淹没。所以，不要认为东西都已经清理完了，以后还得继续清理下去。"

整理的过程也是我们获取掌控自己生活能力的过程。希望大家能够记住，想要掌控自己的生活，不被物质所束缚，那扔掉的东西一定要比买来的东西多。

第三部分
Part Three

将家里空间
扩大两倍的整理法

01 温馨舒适的空间——卧室整理法

现在要把这些东西从卧室里清理掉

卧室是一个温馨舒适的空间。在卧室里，床和衣柜占据着最重要和最大的空间。如果把床和衣柜都放在卧室，空间仍然很宽裕的话，当然没有什么问题，但如果只能选一个放在卧室里，那么大部分人会选择床。这样一来，衣柜就成了问题。

确切地说，问题不在于衣柜本身，而在于衣服多少。每家每户首先要解决的就是穿什么衣服的问题，这当然是因为衣服数量实在是太多了，多到打开衣柜门，偶尔都会感到窒息。因为衣服太多，人们会把本应放在卧室的衣柜挪至他处，有的人甚至把衣柜放在了玄关。

　　放在别处的卧室衣柜原本是和床配套的，跟其他家具并不搭配。但因为房间的界限不明确，衣柜往往无法置于原地，便被搬到了其他地方，这样用起来非常不便。衣柜起不到应有的作用，衣服当然也不可能整理好，只能层层叠叠地挂在房间、客厅和阳台的衣架上。

　　在购买壁柜或衣柜时，要选择挂杆多的。比起搁板，购买可以挂更多衣服的衣柜有利于整理衣服。如果现有的衣柜里挂衣服的地方比较少，那就委托衣柜店增添挂杆。

　　在指定为卧室的房间里，要按照居住者睡觉的习惯放置床和衣柜，以便睡得舒服。有的人会把衣服和行李放在床上，整天打地铺，因为卧室放的东西太多了，床根本就不能使用。有的人还会在卧室的一侧放一台大型电视，十分干扰睡眠。想象一下在这样乱糟糟的房间睡觉，第二天早上起来的场景，别说缓解疲劳了，身体反而更沉重了。

如果空间不够的话，不管是衣柜还是床，都要根据使用目的，先从卧室里搬出去进行整理。卧室是结束一天的工作后回来休息的空间，因此尽可能在这里营造一种休息和睡眠的氛围。这也能让夫妻在最重要的空间——卧室里重新找回新婚时的青涩感和新鲜感。

▼　仅仅改变卧室的氛围，就能感受到新婚时的感觉。

一目了然的整理衣服的方法

　　无论是谁家，整理时花费时间最多的都是整理衣服，因为衣服不仅数量多，而且往往扔得家里到处都是，很难收集起来。整理衣服时，要考虑家人中谁的衣服最多，夫妻是双职工还是单职工，根据正装和便装以及衣服的长度来区分整理。

整体构思

　　在正式开始整理衣服之前，首先要看看卧室的空间状况。看看卧室里除了一个衣柜外，还有没有另外的小的衣物室，或者还能不能放进一个 10 尺大小的衣柜。因为每个家庭的卧室空间大小都不一样，所以整理衣服时，要看看这个空间能不能放下全部的衣服。

　　开始整理衣服时，首先在脑海中构思一下，哪里应该放什么。像平时几乎不怎么穿的韩服等，如果也能确定好存放位置，那就更好了。在整理衣服之前进行这种构思，就是轻易解决问题的关键。

　　现在把所有的衣服都拿出来，如果还有放在洗衣店的衣服，也全部拿回来。确定好衣服的数量后，挑选出哪些穿，哪些不穿。把所有的衣服都收集整理在一起后，按照使用者进行分类。

扔掉不穿的衣服

　　稍微喘口气吧，因为我们马上要正式开始整理了。弄清楚了造成家里难整理的主要原因，现在是时候正式开始"弃衣"了。如果没有做好心理准备，就很难扔掉衣服。前面已经说过这并不是件容易的事，会有一定的压力。这时只要想到整理后将发生的变化，我们就能深呼一口气，感到一身轻松。

　　我们在为顾客整理衣服时，必定会有交谈。

　　"这件衣服该怎么处理呢？"

　　"哎哟，那不是我的结婚礼服嘛，买的时候很贵，舍不得扔啊，我试一试再决定吧。"

　　进房间试穿后又讪讪地走了出来。

　　"身材明显不如从前了，我没怎么胖啊……"

　　"花好多钱买的，扔掉怪可惜，但如果不穿，就狠下心，直接扔掉怎么样？"

"那也……先放在一边吧。"

这种情况还算好的。也有人犹豫要不要扔掉十年前流行的衣服，最后还是堆在了一边。为了扔掉多余的衣服而开始的整理，却变成了对想扔掉又不能扔掉的衣服的整理。

人们这时候总会不约而同地说："不知道什么时候还会流行。"

这话说得很对，因为时尚是一个轮回。但是谁知道这些衣服什么时候会再次流行呢？即使再次流行了，也会与以前有些微妙的差异。穿旧衣服永远会土里土气，因为再怎么时兴复古风，流行也还是反映着当下的趋势。

有的人说要修补旧衣服，到最后也舍不得扔掉。还有的人现在到了 50 岁的年纪，穿 77 码的衣服，但仍舍不得扔掉 20 多岁时穿过的 55 码的衣服，就像把最美丽最年轻的时光关在衣柜里，相信总有一天会回到 20 岁似的。

殊不知，得到了过去，却失去了现在。为了珍藏以前穿过的衣服，就把现在穿的衣服"拒之柜外"。衣柜里精心保管着各种不穿的衣服，而最近买的衣服和经常穿的衣服却都被皱皱巴巴地放在衣架和挂衣钩上。

我们得承认，回忆虽好，但现在的你已经不是从前的你了，无论是身材还是长相，你都与从前截然不同。以前穿这种衣服非常好看，但现在就不同了。回忆虽好，但希望你能认清现在的自己，活在当下。无论年龄还是身材，现在的你都和以前不同了，还是穿适合自己、能够突出自己当下的个性的衣服比较好。

有的客户能从衣柜抽屉里找出 30 多条款式过时的裤子。这些裤子叠放得整整齐齐，以前从没数过到底有多少，现在拿出来一看才发现竟然这么多。其中既有裤筒松紧不一的喇叭裤，也有价格昂贵的牛仔裤。而牛仔裤这种裤子不容易穿破，所以扔掉更会觉得可惜。想象一下穿着几十年前流行的喇叭裤去百货商店或者跟朋友一起去电影院的场景吧，你能痛痛快快地穿出门吗？如果犹豫的话，答案已经很明显了。

即使舍不得扔掉，也要果断地做出决定，因为比起对旧衣服恋恋不舍，充分发挥卧室的空间功能是更重要的。

分类挂衣服的方法

你能挑出不再穿的衣服吗？如果能，那就得拍手称赞，因为挑选出不再穿的衣服是件很难的事情，做好了这一点就等于解决了整理过程中最难的一个环节。所以，毫不吝啬地称赞自己吧，然后充满自信地进入下一阶段吧！

好，现在已经决定好了要留下哪些衣服，接下来把这些衣服分类整理。衣服类别通常如下：

①上衣：衬衫、西装夹克、夹克、风衣、皮衣、大衣、貂皮大衣、毛皮大衣

②下衣：裙子、西服裤、容易起皱的棉裤、软材质的裤子

③套装：登山服、运动服、高尔夫球服

④其他：连衣裙

▲　把衣服都挂起来，衣服的数量便一目了然。

　　然后再把这些衣服按季节分类整理。首先是以外套为主，都需要挂起来的衣服。西服、夹克是必须要挂起来的衣服。棉质衬衫或POLO衫（一种有领衬衫，通常称为马球衫）如果保管不当也会起皱，所以也要挂起来。连衣裙不分季节一定要"无条件"挂起来。

容易起皱的裙子或者裤子也要挂起来。

　　也许有人会问："这么多的衣服，为什么都要挂起来？叠起来不是可以放更多吗？"

　　为什么要挂起来呢？眼不见，心不烦，衣服也是如此。即使把衣服叠好后放在衣柜抽屉的某个角落精心保管，一旦远离视线，就不会再穿了。仔细想想，是不是有一年以上没穿的衣服？所以，只要是自己喜欢的衣服，就拿出来挂上，以便经常穿。否则就不要迷恋这些衣服，直接扔掉比较好。另外，把衣服挂起来，一眼就能看出自己有什么样的衣服、有多少件衣服。

　　如果把需要挂起来的衣服都挂起来后，衣柜里还有空间的话，就把当季的衣服也一件件挂上去。据我所知，人们感觉整理冬装比整理夏装更麻烦。因为从貂皮大衣到羽绒服、皮衣、针织衫、西服和普通夹克，冬装的体积会更大。

挂男士衣服

　　给西服单独准备一个衣柜间，外套不多的话可以跟西服挂在一起。如果数量很多的话，就分别给西服、衬衣和西裤各设置一个衣柜隔间。

　　然后将运动服装和普通衣服一起挂起来。运动服比较薄，材质比较软，所以不管是长袖还是短袖，都可以挂在一起。当然，如果空间比较宽裕的话，也可以分开挂。尽量按照从薄到厚的顺序整理。

▼　西服、衬衣、裤子分开挂比较好。

挂裤子

挂裤子的时候也要考虑到裤夹的位置和尺寸，决定是从中间夹裤子还是从两边夹裤子。容易起褶皱的裤子和不会起褶皱的裤子也要区分整理。

有的人为了去除褶皱而倒挂裤子，这样也行，但是裤脚可能会留下裤夹的痕迹，所以我一般都是竖着挂裤子。挂西裤的时候，考虑到褶皱，最好是把两个裤筒互相对折起来挂。

挂完西裤后，就开始挂棉裤。如果空间不够，就将牛仔裤或不易起褶皱的裤子叠起来。如果空间充裕，将牛仔裤也挂起来。我一直强调，衣服只有挂起来才能一眼就看到，只有这样才能想起去穿那些衣服。

商场里的衣服不是按照品目展示，而是按照颜色展示——蓝色就是蓝色，黑色就是黑色，粉色就是粉色。以前的商场按照品目展示衣服，看起来杂乱无章，所以按照颜色来展示衣服成了如今商场的主流选择。这种方式可以使衣服看起来更漂亮，一下子就能吸引人们的眼球。

虽然也有人在家里按照颜色收纳衣服，但家毕竟不是商场，这样管理起来是很难的。家不是欣赏衣服的地方，而是和家人一起生活的空间，所以应该为了穿衣方便而整理衣服。

▲　为了防止西裤起褶皱，应该将两条裤筒互相对折，竖着挂。

▲　如果空间不够，就将不易起褶皱的牛仔裤叠起来整理。

纠结这些衣服是挂起来放好还是叠起来放好的时候，这里有一个标准，那就是以"现在穿的衣服"为主，挂起来即可。例如，如果现在是冬天，就把厚的衣服挂在前面，这样打开衣柜就能直接拿出来穿，很方便。如果是夏天，并且空间也比较宽裕，最好把 T 恤也挂起来。如果发现夏天衣柜里还挂着针织衫，那就一定把这种厚的衣服好好叠起来存放，冬天的时候再拿出来就可以了。羽绒服也是，如果空间宽裕，还是挂起来为好，如果当季的衣服没了位置，就要将羽绒服叠起来。要记住，整理的标准永远是"现在，这一瞬间"。

挂针织衫

挂针织衫的时候，为了防止针织衫被拉长，大部分人会使用厚的挂衣钩，但这样一来，衣柜的空间就会减少。其实，就算用薄的挂衣钩，也有方法可以防止针织衫被拉长。

小贴士

把针织衫挂在薄挂衣钩上的方法

1.

将针织衫竖着对折一半。

2.

把挂衣钩放在针织衫腋下，然后用衣袖包裹住挂衣钩。

3.

最后将针织衫包裹挂衣钩的部分放在挂衣钩里面，向内固定。

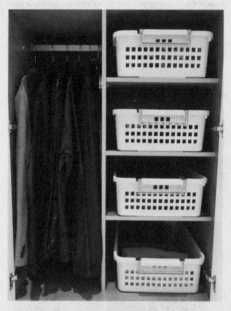

▲ 衣柜的剩余空间可以用来放装衣服的篮子。

把衣服竖起来放在篮子里

如果家里很窄或者衣柜太满，难以整理，可以重新创造一个放衣服的空间。如果按照衣服的长度挂衣服，一些短的西服或者夹克下面就会留有空间。在这样的空间里可以放装衣服的篮子，用来保管一些不用挂的衣服或者衣服的配套品。

篮子里不要乱放各种衣服，只放一种，长袖就是长袖，短袖就是短袖，要分别放在两个篮子里。如果是夏天，不穿长袖，那就把装长袖的篮子放在下面，上面放现在需要穿的短袖，换季的时候把两个篮子的位置调换一下就可以了。这样一来就不用重新整理衣服，只需要调换一下篮子的位置就可以了，不仅方便，而且还能维持整理状态。

篮子里放衣服的时候，要把衣服叠起来竖着放，并且最好在篮子里放上隔板，防止衣服散落。

丈夫和孩子们，尤其是男孩，进房间的时候一般不会把衣服挂起来放进衣柜，丈夫有时候也会不把衣服挂好就进房间了，所以我就让他们出去，把衣服挂好再进来。

　　冒着雪或者雨进来的话，夹克上会沾着很多水珠，孩子们一般不会在意，直接就那样穿着进房间了，然后就把它随便扔在椅子上或者床上。扔在椅子上还好，但要是扔在床上，从母亲的角度看，事情就麻烦了，因为沾在夹克上的水珠会打湿被褥，那要做的事情就又增加了。

▼　把衣服叠起来，竖着放在篮子里。

遇到这种情况，最好的方法是在房间里放一个立式挂衣架。还要准备一些篮子专门用来放睡衣或者内衣，因为这些衣服很难叠起来再展开。最好在孩子的房间里也放这样一个空篮子。

整理的时候当然也很有趣，但看到整理以后干净整洁的样子，心中会更充满愉悦感。想象一下打开整理得整整齐齐的衣柜时的好心情吧！利用好篮子，建立起整理系统，维持起来就没有想象中的那么难了。

维持内衣的形状及配套饰品的整理方法

整理衣服时，不仅要整理内衣、韩服、被子，还要整理季节性用品、滑雪服、芭蕾舞服、泳装、滑板服、头巾、围巾和貂皮大衣等。如果能将包、帽子、太阳镜和相机也整理到衣柜里就更好了。

整理内衣

内衣需要单独整理。刚开始的时候，用一个个的收纳箱整理内衣，但比起内衣的数量，收纳箱的数量太多了，所以现在改用长长的篮子整理内衣。当然如果内衣太多，用几个收纳箱整理也没关系。就像空间大时和空间小时整理有所不同一样，内衣数量少时和多时整理也会有所不同。

为了维持胸衣的形状，整理时需要把肩部和身体部分的带子放在罩杯内侧，就像内衣商场里展示的那样，往后倾斜，摞着整理。当篮子里的搁板比较窄或者长的时候，将翅膀贴合罩杯，向内折叠整理。

整理内裤时，将内裤两边向同一端竖着折叠，留出下部，直到有装饰的肚脐部分为止。整理的时候一般会将内裤的正面放在前面，但其实将反面的臀部部分反过来放在前面会比较端正。还有，将颜色浅的内裤放在前面，颜色深的放在后面，看起来也比较舒服。

整理袜子

将袜子摆放成十字架形状，折叠成四角形，这种折叠方法既有趣又简单，既不易发生丢一只袜子的情况，也不用买新的，叠袜子本身就成了一件有趣的事。

然后把袜子整整齐齐地摆放在篮子里，光看着就心满意足了。

整理围巾

在衣服的各种配套品中，人们最常穿戴的就是围巾了。即使现在有围巾，到了系围巾的季节，也会买流行的新围巾。围巾的种类也各种各样，从貂皮到羊毛、丝绸，短的、长的，五花八门。围巾的种类和使用时间不同，整理方法也有所不同。我们偶尔会在电视节目中看到这样的丝巾整理方法：把丝巾放在纸里，一起卷起来，然后竖着放。但每天都要用的围巾这样整理起来太麻烦，所以最好还是把围巾挂起来放。

整理腰带

腰带种类繁多，可分为西服腰带、皮革腰带、布料腰带等。同样，按照腰带材料，整理方法也有所不同。腰带一般是卷起来整理，但皮革腰带放久了容易折断，这点需要注意。我建议大家按照材料分类整理，貂皮材料的整理到一起，皮革材料的整理到一起。

整理包包

　　整理得当的包袋本身就具有装饰效果。把包放在衣柜搁板上，按照颜色、系列整理。按照种类整理，就将皮革包放在一起，布料包放在一起。另外要注意搁板上不要放衣服，只放包或者帽子。

整理季节性用品

　　泳衣、滑雪服、韩服和军装等作为季节性用品，需要单独整理保管。季节性用品不是经常用的东西，所以应该与常用的东西分开整理保管。

为家庭成员量身制订解决方案

　　因为家人们的习惯和喜好各不相同，因此在整理的时候，最好仔细地区分每个家庭成员的习惯和喜好。

挂左撇子的衣服

　　右撇子挂衣服的时候，衣服的方向跟左撇子是不同的。一般来说，衣服要挂在和自己对视的地方，所以左撇子挂衣服的方向会有所不同。

　　穿衣服的人如果是左撇子，就要按照左撇子的方向挂衣服。整理孩子的房间的时候，如果妈妈是右撇子，孩子是左撇子，当然应该按照孩子的方向挂衣服，但大部分妈妈都是按照自己的标准来给孩子整理房间。

如果孩子希望自己整理自己的房间，就让她 / 他按照自己的标准去整理。

根据喜好挂衣服

某天早上，我接到了一位女儿上高中的妈妈打来的感谢电话，她说几天前发生了这样的事情。

"谢谢妈妈，这是礼物。"

"怎么啦？突然向妈妈表示感谢，还给我准备了礼物？"

"以前妈妈给我整理房间的时候，我总是找不到自己穿的衣服放在哪里，但现在不一样了，妈妈给我整理完以后，我一下子就能找到。"

"怎么样？妈妈是不是很有眼力见儿？"

"哎呀，那还不是多亏了整理老师的帮助嘛，快看看这个。"

"什么呀，这不是短袖吗？"

"可是把它穿在衬衫里面也很漂亮啊，以前冬天的时候，妈妈总是把夏天的衣服全部整理好放起来了，冬天想穿一次 T 恤衫的时候总是得把整个衣柜都翻遍。"

　　所以，当我们在整理家人的衣服或者其他东西时，都要仔细考虑使用者的习惯和喜好。对自己来说无关紧要的小事，对丈夫和孩子来说可能就是非常重要的事。如果觉得麻烦，但又想这么做的话，那就把这当成一次机会，通过整理了解之前不太了解，或者被自己忽略了的家人吧。

如何整理最占空间的被子

　　由于被子的体积较大，所以整理衣橱的时候最先拿出来的就是被子。当我们为了获得更多的空间而将被子拿出来时，常常会被被子的数量与体积所吓倒。由于家中没有收纳被子的空间，有些人就把被子放在了墙角或孩子房间的抽屉柜中，甚至还有些人将被子放在阳台上保管。

　　那么，我们该怎样来整理体积较大的被子呢？如果是当下不用的被子，最好收起来以增加空间。有些人在家中准备了过多的备用被子与枕头，他们把这些多余的被子放在真空袋中保管，但是再拿出来的时候，这些被子大部分都会散发出一股刺鼻的味道，很难再使用了。

在衣橱中，被子可以说是最占空间的了。所以，建议大家只留一些够家人们用的被子就可以了。而且，被子还是直接与我们皮肤接触的物品，所以，如果有些被子已经使用了很长时间，一定要清理掉。此外，客人用的被子也不要准备得太多，只要按空间大小来准备就可以了。

小贴士

叠被子的方法

1. 将被子平铺开来。

2. 从两边向中间对折。

3. 沿中间对折。

4. 再从两头向中间对折。

5. 再沿中间对折。

6. 完成！

叠被子的方法

叠被子的时候不要将被子叠得刚好塞满被橱，要根据被橱的尺寸，有意识地将被子叠成被橱长度的一半。而上述所讲的叠被子的方式就像是开关大门一样对折折叠的，所以这一方法就叫作"大门折叠法"。在实际生活中，如果我们用这种方法来叠被子，不仅取用方便，而且样式美观。如果是易于折叠的薄被子，我们可以将其单独放在被橱上面，而如果是不易折叠的厚被子，就可以叠得宽一点。

用"大门折叠法"叠完被子后，分别将其放在被橱的左右两边来保存，最好在中间稍微留出一点空隙，然后在这一空隙中放上几张报纸。如果放的是除湿剂，就要确认好除湿剂的使用时间，适时更换。随时打开被橱门换气通风也是一个好方法。此外，整理被子的时候，季节也很重要。我们要先将重一点的褥子放在下面，然后再按照季节，将薄一点的褥子放在上面。与被子相比，枕巾更需要勤洗勤换，但出乎意料的是，很多人却不太在意枕巾。如果家里的枕巾比较多，可以轮番使用，最好叠成小块，挂在衣架上，这样就非常便于抽下来使用了。如果被橱中有抽屉，大家可以将毯子、空调被、儿童被和长一点的毛巾等一起收在抽屉中。

保持梳妆台整洁的秘诀

想要整理化妆品，首先得看梳妆台大概能放下多少东西，当然我们可能估计得出来，也可能估计不出来。但无论如何，我们可以先将所有的化妆品，不管是正在使用的，还是新买来的，全都放在一起，连抽屉里的也都要拿出来，然后全部放在梳妆台上拍张照，这样我们才能知道自己的梳妆台到底有多么混乱。

接下来就到了清理这一阶段了。首先，我们要清理掉过期的化妆品，当我们决定好了要扔掉哪些之后，再将水、乳、面霜等每天都会固定用到的基础护肤品放在梳妆台上。台面上只要放一些必要的化妆品就可以了，放得越少越好。如果抽屉比较浅，部分化妆品平躺着放进去会洒出来的话，那么这些产品也要放在台面上。像眉笔、刷子等需要插起来放置的物品也是一样。

　　而像眼影、散粉、腮红这一类的化妆品，如果竖着摆放的话，粉末就会掉落下来，所以最好横着摆放。放在梳妆台上的所有物品，都应该是我们在照镜子时会用得到的。像吹风机这样的东西，如果没必要非得在梳妆台前使用，那么放卫生间里就可以了。

　　如果梳妆台的空间不足，无法放下新买的化妆品，那么，我们可以将需要摆放的物品单独放在一个盒子里。

　　当我们使用化妆品的时候，最好先用购买时赠送的试用装。有一位客户，她家里那些从未用过的试用装堆得像座小山，当我问她为什么不用这些试用装的时候，她回答说大部分都是为了旅行时再用而保存下来的。但是抱着这种想法收集起来的试用装，最终只会在梳妆台上落满灰尘，日后难逃被弃掉的命运。

▲　梳妆台上的东西越少越好。

如果我们用完化妆品之后不好好收纳整理，那么眼线笔、眼影等就会滚来滚去，把梳妆台弄得到处是印记。此外，如果用完化妆品之后不拧好盖子，瓶口与盖子之间就会落入一些灰尘。

如果梳妆台的收纳结构本身就制作得比较好，那么只要按照空间结构摆放好物品就可以了。另外，把眼影板、口红、粉饼或者气垫等放进抽屉里的时候，最好竖着摆放。

小贴士

梳妆台的整理方法

√拿掉与化妆品无关的东西

√只摆放必要的东西

√将体积较大的基础化妆品放在梳妆台上

√将试用装摆在梳妆台上使用

首饰的收纳整理

如果梳妆台上有空格，可以将戒指、耳环、项链和手链等分类放在格子中；如果没有空格，则可以利用一些小巧精致的盘子来收纳。大家可以将首饰按种类分别放在盘子中，然后再摆放在抽屉里，确保一打开抽屉就能看见这些首饰。如果你的首饰多，最好单独收纳在首饰盒里。

如果家中没有单独的衣帽间，那么除了化妆品之外，大家也可以将饰品、项链、耳环、戒指、发卡和发带等物品收纳在梳妆台上。只要不是太多，大家甚至还可以将墨镜与手表也收纳在梳妆台上。近来，很多人将墨镜或手表当成是一种装饰，用来搭配自己的衣着，所以，有些人家中就存放了很多墨镜与手表。如果是这样，就要将其整理到衣帽间了。

一方面，现在的化妆品与首饰大多物美价优，我们很容易就能买到这些东西，但是另一方面，这些物品也是极易被闲置和扔掉的，所以我想再强调一遍，希望大家理性消费，只在必要的时候购买必要的物品。

02 考虑孩子的成长——儿童房整理法

仅靠家具的摆放就能改变房间的氛围

为孩子的房间布置家具的时候，最好仔细观察一下房间的结构。如果房间正好是正方形，那么不管家具怎样摆放，空间都不会显得太过空旷或狭窄，这样的房间就会给人带来一种安全感，看上去也非常美观。但是如果房间是长方形，那么床最好横放在最里面，尽可能使剩下的空间成为一个正方形。而如果孩子的房间本身就是长方形的，床还靠着长度较长的墙面摆放，那么整个空间就会显得更加狭窄。

此外，挑选家具的时候，只要大小与颜色相互协调就可以，尽量不要购买体型较大的家具。而且，最好不要将太大太高的家具放在房门口一眼就能看见的地方。希望大家都能记住，仅仅通过家具的摆放，就能营造出不同的房间氛围。

布置孩子房间的家具时，要充分考虑孩子的成长及今后的变化，因此，最好不要购买正好符合孩子年龄的家具。孩子每天都在不知不觉中长大，所以，当我们为孩子挑选家具的时候，需要从长计议。如果忽视这一点，只是一味地按照孩子的年龄来购买家具，那么孩子噌噌噌地一天天长大，但家具却无法一同长大。结果就是，那些好端端的家具舍不得扔掉，很多孩子长大了也一直用小时候使用的家具。

有一次，到一个客户的家中进行收纳整理时，我看到这位客户的儿子驼背驼得很厉害。这个孩子当时上小学三年级，个子可以说是比较高的了，可是不知道为什么，他的腰看上去却特别地弯。虽然我很在意这一问题，但是因为不太好开口询问，所以我就将注意力集中到整理的工作上。当我整理到孩子房间时，孩子的书桌引起了我的格外关注。这时，孩子的妈妈正好开口了。

"真不知道我家孩子背怎么那么驼，难道是因为姿势不对？我每天早上都让他把背挺直了，但是不知道是不是因为驼背的习惯改不掉……"

"您儿子看上去要比同龄的孩子高一些。"

"是吧？"

要整理房间了，这位客户就让孩子拿好东西先出来。而我就在门外等着，但是等了好久孩子还不出来。于是我和孩子妈妈一起打开了房门，结果那个孩子正趴在书桌前认真地写着什么，连妈妈进了房间都不知道。

"儿子，干什么呢？"

孩子被妈妈吓了一跳，转头向后看了看，然后突然叫了起来。

"啊啊！"

"怎么了？"

"妈妈，你仔细看看我这坐姿。"

天啊，孩子的膝盖正紧紧地挤在桌子底下，而且椅子看上去非常小。这时，孩子一边天真烂漫地笑着，一边将裤角挽到了膝盖处，露出了瘀青的膝盖。孩子的妈妈看着我，脸上露出了哭笑不得的表情。

　　孩子都是不断成长的，而且长得要比妈妈想象的还要快，所以希望大家在为孩子购买家具的时候，一定要铭记这一点。

　　孩子的房间里也一定要准备一个衣橱，最好的方法就是将所有的衣服都挂起来。尤其是连衣裙或现在正在穿的衣服，一定要挂起来。不要因为是给孩子用的衣橱就买小号的，这样的话，冬天挂衣服的时候，空间就不够了。随着孩子的成长，他们的衣服也会像大人一样越来越多，所占的空间也会越来越大。所以，与其购买符合孩子年龄的衣橱，不如直接为他们购买成人用的基本款。衣架也是一样，直接给他们准备成人用的衣架就可以，也可以将干洗店赠送的衣架折一折后给孩子用。

　　不管孩子的年龄是大还是小，都需要有一个单独的房间。即便是两个孩子共用一个房间，也要摆放好家具，给他们划分出各自独立的空间。

　　最重要的是，我们要记住，孩子是自己房间的主人。希望大家不要总是唠叨着让孩子整理房间，而是要相信孩子并帮助孩子成为自己空间的主人。

> 为孩子购买衣橱的时候，不要购买儿童专用衣橱，购买成人用的基本款就可以了。

▲　即使是两个孩子共用一个房间，也一定要划分出各自独立的空间。

孩子的东西一定要放在孩子的房间里

整理孩子房间的时候，最需要注意的就是营造出一个环境，使孩子可以在其中尽情地玩耍。如果孩子非常小，可能会打开收纳柜等收纳空间，大家应该在里面放一些不会伤害到孩子的物品，这样一来，就算孩子打开了收纳柜的柜门，或是伸手摸到了里面的东西，也不用担心会受伤了。

最近很多人家中都在使用一种叫作"保险杠儿童床"的幼儿专用床，这种床上面铺有一层乳胶床垫，外面也围上了一圈乳胶，很好地保护了孩子，使其不至于离开床面。大家之所以使用这种床，可能就是因为担心孩子受伤吧。但是与其这样担心，还不如为孩子创造出一个不会受伤的环境。

玩具的收纳整理

如果家里的孩子只有三四岁，大家在整理玩具的时候，就不要分门别类，只要将所有的玩具全放进收纳桶即可。这样既可以让孩子玩得比较自在，收拾起来也方便。但最好控制一下玩具的数量。当孩子到七岁左右的时候，如果我们需要分类整理玩具，孩子自己就可以做了。根据孩子年龄与性格的不同，我们的整理方法也应该有所区别。

衣服的收纳整理

一般来说，很多妈妈都认为，孩子的衣服比较小，所以应该要叠起来存放。但事实上，越是孩子的衣服，越是要挂起来，这样才能及时掌握孩子衣服的尺寸，区分出哪些衣服还能穿，哪些衣服不能再穿。同时，由于孩子很难像妈妈一样将衣服叠得整整齐齐，所以如果不挂着摆放，就很难保持衣橱的整洁。这样下去，整理衣服就变成了妈妈的事，孩子渐渐就不会自己动手整理了。

益智拼装积木的收纳整理

很多与孩子智力开发相关的拼装积木都是系列推出的。一般卖场上的积木都摆放得非常抢眼，所以一开始看到这些积木时，大家都非常喜欢，但是购买之后却发现，这些积木实际上并没有什么实用性。两三岁的孩子，玩着玩着，一不小心用手推倒了整理好的积木，又该轮到妈妈收拾了。而且，每当孩子被这些积木绊倒的时候，妈妈都得再次将这些东西重新摆放整齐，这也很费力气。问题是不可能每次发生这种事情，妈妈都有时间整理，所以，家里的积木有时就会变得一团乱。因此，大家在购买积木的时候，一定要考虑到这些问题，慎重购买。并且家里的积木也不要放得到处都是，一定要收起来放在一个固定的地方。

最近我为一位客户进行了收纳整理，她家摆满了孩子用于学习及玩耍的各种积木，而且墙上、天花板上也挂了很多物件。当我整理的时候，那些为安抚孩子而安装的旋转床铃总是在我眼前晃来晃去，有时还会绞到我的头发。由于孩子的玩具过多，这位客户的家里连家人可以安心坐下来的空间都显得有些不够。所以，即使孩子还没有单独生活在自己的房间里，大部分时间都在客厅里度过，我还是建议大家一定要将孩子的物品放在孩子的房间里。

培养孩子收纳整理的习惯

整理就是生活。在培养孩子收纳整理这一习惯的过程中，妈妈的作用非常重要。要孩子们认真学习之前，更重要的是要让孩子们养成一个良好的收纳整理的习惯。比如，孩子很小的时候，要告诉他们吃过东西要刷牙，从外面回家要洗手等生活常识，我们要从小开始培养孩子的这些基本的生活习惯。

如果我们想要孩子培养收纳整理的习惯，自然就得扩展到消费习惯的教育上。也就是说，我们应该教育孩子，使他们养成一个良好的习惯，管理好自己的物品，利用好现有的东西，而不是手头上没有就立刻去买。

让孩子自己进行收纳整理

孩子小的时候，我们可以将孩子的玩具全都放在一个大箱子里。例如，我们可以将乐高放在乐高箱子里，将玩偶放在玩偶箱子里。即使孩子不太会整理，也不要训斥他们，而是要根据孩子的年龄，耐心地在一旁教他们进行分类整理。

　　如果孩子能看得懂字，能将物品放进箱子里，那么我们再改变一下分类的方法。也就是说，孩子非常小的时候，我们可以大体上进行分类；孩子长大了，就可以分得更细致一点。比如，以前我们可能是将铅笔、彩笔、尺子等一起放在一个盒子里，那么现在最好将铅笔、尺子、签字笔和橡皮等分门别类地收拾在几个笔筒内，以便孩子整理。

　　如果孩子房间里有不怎么用的圆珠笔或比较危险的刀之类的东西，我建议把这些东西拿出来单独保管。爸爸或妈妈每个月至少要检查一次孩子的蜡笔是否有断的，水彩笔是否有不出水的，如果有，就把这些有问题的东西挑出来。要是有新的画笔，可以单独存放在一边，等到需要时再带到学校去。

　　如果我们想一直保持整理之后的状态，那就要清理过多的物品，也要让孩子自己挑出不再使用的东西。如果我们定下放置某一物品的位置，并训练孩子将物品放到规定的位置上，那么就不会出现东西到处乱摆乱放的事情了。

　　非常重要的一点是，要反复训练孩子将最为必要的物品放在书桌上，用完的物品放回原处。就像小鸟在真正展翅飞翔之前要进行数百次的振翅练习一样，在日常生活中，我们也可以通过反复的训练使身体熟悉某一操作。良好的习惯就是这样训练出来的。

如果孩子嫌麻烦，不愿意把用过的物品放回原处，那就说明这个孩子没有养成习惯。如果养成了用完之后放回原处的好习惯，就绝对不会觉得麻烦，反倒觉得这是一件理所当然的事情。所谓习惯，就是通过身体所熟悉的某一反复性行为来养成的，而且一旦养成了，这种习惯就会伴随终身。

与成年人相比，孩子更难自觉养成收纳整理的好习惯，但是，如果父母在一旁提供帮助，那么孩子也可能做好收纳整理的工作。我们可以在孩子的房间里放上一个筐子，让孩子把上学之前脱下的居家服放在里面，等到孩子放学回来之后，再让孩子拿出筐子里的居家服穿上，再把书包放进去。一旦我们将放书包的位置定了下来，孩子也就很容易改掉乱扔书包的习惯了。

如果孩子还小，我们可以把孩子与家访老师一起玩的积木放在孩子够不到的较高一点的地方，而将便于收纳整理的玩具放在孩子看得到的较低一点的地方。

我家孩子小时候在幼儿园里学过这样一首儿歌：

玩具玩后随手扔，随手扔后出去疯 / 疯玩回来听哭声，这时玩具开口称 / 你们随手把我扔，扔在地上孤零零 / 来往路人看见我，一脚踢得冒金星 / 不能再这样了，不能再这样了，我不喜欢这样。

这是金成俊（音译）的儿歌《玩具随手扔》的第一节，我家孩子总是唱着这首歌整理自己的东西，有时候也会跟我炫耀，自己因为整理得好而得到好东西吃。据说，在幼儿园里也是这样，幼儿园只要放这首歌，孩子们就会开始整理东西。所以说，我们有很多方法可以帮助孩子愉快地进行整理。

孩子非常小，这并不等于孩子就不会整理。好多小朋友到幼儿园或学校，都能做得非常好。可是为什么一到家就不行了呢？因为家里没有人教他们怎样做整理，也没有人要求他们进行整理。所以，建议各位妈妈不要跟在孩子的后面帮孩子整理，而是要多多鼓励孩子，让孩子养成自己收纳整理的好习惯。

让孩子遵守收纳整理的时间

我们要培养孩子及时整理的好习惯。及时整理，收拾起来就非常轻松容易，但是一直拖延不整理，收纳整理就会变成一件令人头疼的大工程。如果想要孩子遵守收纳整理的时间，妈妈就得随时清理一下孩子的东西。假如孩子书桌上有很多东西，妈妈又不进行清理，那么孩子做完作业后，就没有办法将书与笔记本放在该放的地方了。我们用完某一物品之后，本应该要立刻将其放回原处，但是如果没有放置的空间，当然就会放在其他的地方了。

玩具也是一样，我们应该将玩具整理在一个收纳桶内，当孩子想玩的时候，让孩子一个一个拿出来玩。如果大家观察过孩子是怎样玩玩具的话，就会知道，如果将许多玩具放在一起，孩子就会为了找到自己想要玩的玩具而将所有的玩具都倒出来，而当孩子将玩具一股脑儿地倒出来之后，玩具就会越混越乱，这时就不可能再遵守整理的时间了。所以，大家应该拿走孩子暂时不玩的玩具，避免出现所有的玩具都混在一起的局面。

虽然我们以为孩子好像并不知道自己生活在一个怎样的空间里，但事实上，他们非常清楚。如果孩子生活在一个混乱无序的家里，那么即使这个孩子想要邀请朋友到家里来玩，可能也无法实现这个愿望。为孩子提供一个整洁的环境，培养孩子收纳整理的好习惯，这也是父母的责任。

学龄前儿童的房间应该怎样整理？

"妈妈，我想听你给我读书。"当我和一位客户在整理工作前进行沟通的时候，这位客户的孩子拿着书从客厅走了过来。

"哔啵哔啵！消防车来了，哔啵哔啵！"看到孩子这副可爱的模样，我笑了，孩子的妈妈也笑了。不知道是不是因为孩子喜欢书，这位客户的家里摆放了好多书。但是，当妈妈刚开始读书，孩子就将书夺了过去，然后开开合合地玩着。这位客户连连向我表示歉意，然后继续给孩子读了起来，这次孩子安静了下来。我看孩子好一阵子不说话，以为他是被故事吸引住了，结果一看，不知什么时候孩子已经睡着了。

"虽然他也有自己的房间，但没什么用。"

"孩子的东西都放在他自己的房间里吗？"

"不是，大部分都放在我们的卧室里了。"

孩子的妈妈不好意思地笑了笑。孩子的房间可以说是孩子的生活领地，所以，如果给孩子准备了单独的房间，就一定要将他们所需要的生活用品全都放进去。但是要想将床、桌子、书橱、衣橱和玩具等全都放进房间里，可能有一些困难。说实在话，能把孩子的所有物品都装进孩子房间的家庭并不多。这时候我们就要放弃一些东西。与父母的卧室相比，孩子的房间大多会小一些，所以，有些人就将书橱放在外面，或是将电视放在客厅中间，然后在电视的两边定制了收纳橱，用来摆放书籍。

小孩的物品可以放在客厅的橱柜里。如果把尿不湿或玩具这样的东西摆放在抽屉里，那么妈妈与孩子在一起玩耍互动时会更方便。但是，即便我们将客厅当作孩子玩耍的空间，也不要将孩子所有的东西都放在客厅里。

　　如果没办法给孩子准备一个单独的房间，我建议大家尽量为孩子打造一个独属于他们的空间，哪怕是客厅的一角也可以。同时，也要注意将学习与玩耍的空间区分开来，如果书放在了这一边，玩具就要放在另一边，尽量不要混淆这两个空间。孩子小的时候，大都是和妈妈睡在一起，在这种情况下，我们即使不单独为孩子准备一张床也可以，这样就节省很多空间，我们要充分利用好这些剩余的空间。

　　在孩子的房间里，我们首先要将玩具与书籍分开摆放。如果除了孩子的房间，其他地方也放有孩子的书籍，就把它们收集起来放在同一个地方。现在也有很多带抽屉的儿童专用书橱，抽屉用来放玩具。如果大家认为自己做不好收纳整理，也可以多用一些这样的家具，这就能很好地将书籍与玩具分开了。

　　单纯靠收集箱是没有任何意义的，尤其是特别小的孩子也能打开箱盖，所以我们在收纳整理时不能全用箱子来盛装物品。在孩子小的时候，妈妈都要进行整理，如果用抽屉来收纳东西，抽拉起来会稍微方便一点。

如果大家想要孩子喜欢上读书，就要给他们营造出一个适合读书的氛围。当孩子玩耍的时候，尽量让孩子玩得尽兴，而当孩子学习的时候，也要尽量让孩子学得认真。如果我们将玩具、图书、衣服全都乱七八糟地混在一起，孩子看在眼里也会跟着学的。如果书橱上放的又是衣服、又是玩具，那么孩子看了一会书，很快就会拿起玩具玩的。

　　很多人为了教孩子韩语或英语，就在孩子房间的墙上贴了早教识字墙贴，但是却忽略了一点——孩子长大之后，这些墙贴都得撕下来。所以，如果我们想要在墙上贴一些什么东西，最好想好怎么才容易撕掉，然后再贴。如果事先没考虑这一点，而直接像贴装饰贴纸似的贴在墙上，以后到了要撕下来的时候就麻烦了。美观固然重要，但整理并维持空间的整洁也很重要。

中小学生的房间应该怎样整理？

　　孩子上学前和上学后的房间整理应该有所不同，因为不同时期的孩子使用的东西也不一样。而且，从小学开始，孩子可以说正式进入了真正的学习期，所以要给孩子创造出一个可以安心学习的氛围，这一点非常重要。当孩子可以非常顺畅地表达自我意识时，要与孩子沟通后再进行收纳整理。有些孩子可能会对小时候的某一物品产生一种依恋心理。这是孩子在与妈妈逐渐分离开来的过程中，将对妈妈的依恋转移到了物品上，睡觉的时候也一定要抱着这一物品入睡。许多孩子在成长过程中会有这样的经历。但是情况比较严重的，甚至会因那个物品不在身边，就产生不安心理。

我经常听到一些妈妈的抱怨声，说孩子舍不得扔自己的东西。我家孩子也是这样，其实所有的孩子都不愿意扔掉自己的东西。但是即便如此，妈妈也要在某一程度上做出选择，并要与孩子一起找到可以妥协的地方。当然，有时需要扔掉的东西可能是孩子们非常喜欢和依赖的东西，大部分情况下都是被子或玩偶。如果只是一两个，妈妈可做出一点让步也没有关系。但是，如果孩子到了小学五六年级还是不肯扔掉小时候玩过的任何一个玩具，这个时候，妈妈必须介入，为孩子做出取舍的决定。此外，整理孩子房间的玩具时，我们也可以只拿出一部分，把剩下的都放进收纳箱中。而且，在进行收纳整理时，我们也可以帮助孩子就收纳的数量或限度做出一定的决定。

用好秘密箱子

孩子上初中的话，就另当别论了。由于初中是孩子的敏感期，所以做父母的不能随便扔掉孩子的东西。对于这一时期的孩子来说，看上去毫无用处的一针一线，可能都特别珍贵。这时候，我们可以为孩子准备一个私密的空间或为他们准备一个秘密箱。在每个不同的成长阶段，孩子都会特别关注一些不同的事物。每当孩子有了新的关注点，我们都应该接受这些东西就是孩子的一部分。在初中这一时期，我们在收纳整理的时候，最好不要按照类别来整理（比如将玩偶与玩偶整理在一起，将玩具与玩具整理在一块儿），可以让孩子把尤为看重的东西放在箱子里收藏起来。

下面所讲的内容，是我在三年前到一位客户家中进行整理时听到的两兄弟的一段对话。整整三年过去了，我都没有忘记这一对话，因为那个画面让我清楚地认识到了孩子对于自己的物品有多么的依赖。虽然有些该扔的东西仍然要扔掉，但是，我还是希望大家能够理解孩子对自己的物品所怀有的珍惜之情。

"这口袋里装的是什么呀？"

听到哥哥的话，弟弟"嘻嘻"地笑了笑，小心翼翼地打开了口袋，那慎重的模样，就像是在打开什么宝贝箱似的。

"这是什么？怎么这么重？"

"你快看！"

弟弟从袋子里掏出来一堆看起来像玩具一样的东西，花花绿绿的。哥哥拿起一颗粉红色星星一看，原来这些并不是玩具而是橡皮，足足有一百多个。

"这又是什么东西？玩具？你都这么大了，怎么还玩玩具？"

"这和我几岁有什么关系？哥，你快看！"

弟弟手里拿着一个盒子，外面装饰着绿色丝带，里面放着四块橡皮。

正在两兄弟看看这个，看看那个的时候，妈妈进来了。

"怎么又有这么多橡皮？我都扔了那么多了，你什么时候又买的？"

"妈，他那儿有好多好多橡皮。"

哥哥向妈妈告状。但弟弟只是笑笑，什么也没说。妈妈一看他这副样子，火气一下子就蹿上来了。

"你又不需要，买这么多做什么！"

"嘿嘿，看着可爱嘛。"弟弟回答道。

大家觉得弟弟有几岁了呢？答案是弟弟今年已经高三了。弟弟把橡皮重新装进袋子，扎紧又放回了抽屉里。他是幸运的，因为他至少还有可以保管这些橡皮的空间，还可以把这些美好的回忆重新装回口袋里。

收纳整理书桌

孩子们的书桌上通常胡乱摆放着各种教材、玩具、课外书等。养成保持桌面整洁的好习惯很重要。好的书桌收纳是指桌面上只需摆放教材，其余的放进书桌自带的书架里。

很多家庭都保留着孩子从小到大的各种学习资料，舍不得丢掉，这就导致了家中的书桌和书架都处于饱和状态。孩子画的画，做的手工，照的照片都蒙上了厚厚的灰尘被遗忘在角落，其实最终也难逃被扔掉的命运。那些有纪念意义的物品可以放进回忆之箱，这样既能留住回忆又能维持书桌的整洁。

收纳整理文具

如果家里有孩子上学，你就会发现，每过一段时间家里就会出现很多文具：彩色笔、签字笔、二三十种各式各样的彩纸、多到数不清的橡皮、笛子、跳绳等等。正是因为平时没有把这些物品及时归位，到需要的时候又找不到，所以买了又买，越买越多。

我也有两个孩子，他们在幼儿园的生日聚会上经常会收到各种各样的文具作为礼物，不知不觉间，家里的文具越来越多。这时我们可以把那些多余的文具送给其他小朋友。

收纳整理儿童书籍

书架分为孩子专用还是全家一起用两种情况。书架下层用来放置单行本，并按照单行本的高度从高到低进行收纳，这一方法行之有效；书架的中间用来摆放丛书会使得书架看起来更加整洁；而书架的最顶层最好用来收纳尺寸小一点的书。收纳书本时要分门别类，尽量不要把儿童读物和家长的书混在一起。

把儿童读物放进儿童房里：书桌上自带的书架用来

收纳教辅材料，桌面上只留笔筒，其余物品都要整理收纳起来，这是最高效的整理方法。切记，我们的目的是要营造学习氛围，而不是把书架挤得满满当当。

　　孩子从小到大读过的书都还原原本本地放在书架上，很多妈妈却都对此视而不见，因为她们都怀有一个"留作纪念"的想法，总以为孩子会有一天"光顾"它们。但是孩子要读的书越来越多，显然对这些读过的图书提不起一点兴趣，结果大多数孩子会对这些图书视而不见。虽然这句话讲出来很伤人，但还是要说，希望孩子重新读这些书往往只是妈妈的一厢情愿而已。

摆放台式电脑

　　如果孩子需要台式电脑，就应将其放在儿童房的书桌上。有条件的话，还可以专门置办一个小小的电脑桌。此外，将家庭成员公用的台式电脑放进主卧，也是一个不错的选择。

　　收纳整理没有范式。每个家庭的装修风格、结构、孩子的性格都千差万别。因此，儿童房的收纳整理与整个家庭的风格要相得益彰。

03 明亮整洁的空间——客厅整理法

客厅是最典型的全家共享空间，因此很多人甚至没有独自待在客厅的经历。全家人坐在客厅聊天或者一起度过休闲的时光就是大部分人理想中客厅的样子。

现在你家的客厅是什么样子？墙上挂着电视，对面是沙发，全家此时正在一起看电视。有人躺在沙发上，有人坐在地上。如果是这样，很遗憾地告诉你，你家的客厅已经完全沦为没有任何沟通功能的电视房。

或者你家的客厅就像仓库一样，堆放着其他房间放不下的杂物。衣柜放在客厅，花盆放在客厅，书柜也放在客厅，书柜里面的书还歪歪斜斜地胡乱堆着……现在是时候审视一下，你家的客厅是不是这个样子？

客厅不是私人空间，而是全家畅所欲言、交流感情的场所。不必在客厅画蛇添足，摆放不必要的家具，只有你通过玄关进入客厅，窗明几净，一眼能看到客厅的全貌，才不会有沉闷之感。

收纳整理客厅物品

对于收纳整理而言，分类也十分重要。客厅是全家的公共空间，因此常常会特别杂乱。这里的物品当然也要分门别类地进行归类和收纳。按此方法，你再也不会因为找不到一件物品而头疼。

不仅是客厅，厨房、浴室、玄关等处也尽量不要摆放私人物品。我有一个朋友曾把成人用药放在客厅，结果被孩子误食，幸亏家长及时发现喂给孩子大量的水和母乳催吐，最终才有惊无险。朋友后来仔细一想，不禁后怕得出了一身冷汗、后悔连连。

有孩子的家庭千万不能把药品和危险品放在客厅，应该尽量把其放进抽屉保管。儿童经常吃的药可以放进厨房，维生素等需要每日服用的保健品可以放在饮水机的旁边，创可贴和消毒品等不常用的药品则可以收纳到其他地方。

有儿童的家庭

这类家庭通常都把儿童书柜放在客厅，客厅中也有大大小小好几个玩具收纳桶，放不进收纳桶的大型玩具就随意堆放在一边，滑梯和学步车也占据了客厅的角落，甚至客厅中间还摆着用书做积木搭建的玩具房子。

如果条件允许，应该给幼儿也准备一个幼儿房，把孩子喜欢的玩具和书留在客厅即可，其他的物品可以简单地收进电视柜的抽屉里。婴幼儿抓住一件物品通常都会塞进嘴里，所以应注意不要把插排、电线、电视遥控器等危险物品放在抽屉里。与其想尽办法把它们放到孩子碰不到的地方，或者用胶带把抽屉封起来，不如按照我的方法，给孩子单独打造一个安全的空间，这样家长就不用担心孩子的安全问题了。

婴幼儿的成长是飞快的，因此这一时期不会持续很久。婴幼儿礼包、大型玩具、囤积的纸尿裤和湿巾都可以存放在幼儿房里，客厅保留少量即可，以供平时使用。另外根据孩子的成长阶段，物品也要及时升级替换。

如果家里没有专门的幼儿房，只有客厅才能容纳这些物品，起码也要做到分开学习区与玩耍区，不能把书本和玩具混在一处。如果孩子年纪太小还用不到书桌，可以先购置一张折叠型桌子供其使用，很多家庭由于空间不够需要在客厅用餐，这种情况下也可以用得到它。总之，要根据家庭成员的需求来合理利用客厅空间。

书本太多

如果家里有很多书，在客厅读书也是在所难免的。如果要在客厅摆放书架或者书桌，就要考虑符不符合整体的风格。这种情况下可以用书架装饰一整面墙，把书架横放，以饰品装点，利用收纳盒进行收纳。如此一来就能把空间分割，进行分区收纳了。如果家里空间不够，又想把客厅当作书房，则可以用一张大书桌取代电视，以此来营造学习的氛围。

　　客厅一定要收拾得明亮大方，这样一家人才能在这里欢声笑语，共享温馨时光。

▼　客厅一定要收拾得明亮大方。

04 延长厨房"整理保质期"的窍门

简便扫除法

从厨房的结构上来看，通常分为上、下橱柜两部分，从路线上来分，则分为主、副两条路线。双手经常接触的地区是主路线，一般来说，我们经常使用的是上橱柜的下面两层，而再靠上的部分是不经常使用的。因此我们需要把经常使用的物品放在上橱柜的下半部分，上半部分可用来做置物柜，收纳不经常使用的物品。

做饭通常要分三个步骤：准备食材、开火烹制、刷碗。这三步的范围以灶台为中心延伸至洗碗槽附近的台面处，因此，以这一区域为中心进行收纳整理效率更高。

收纳整理与打扫卫生挂钩，而卫生又与家人的健康息息相关。方便打扫也是需要收纳整理的众多理由之一。如果不能做好收纳整理，那么清扫也不会彻底，特别是与食物有关的厨房，更需要彻底地扫除。厨房台面上的物品如果摆放得整洁有序，那么打扫卫生时轻轻一擦就行。很多人明知道物品摆放得杂乱无章，台面上就会堆积许多灰尘，但也不注意做到整洁整齐。

为了更好的卫生条件，我们要养成良好的习惯。收纳整理时把碗筷按照家庭人口数量准备好，洗完碗沥干水之后及时放回水池上边的橱柜中。灶台附近很容易留下油渍和食物残渣，要及时清理，以防陈年旧渍难以去除。

把厨房物品分门别类

收纳整理厨房台面

洗碗槽附近的台面放了不少东西：微波炉、电饭煲、咖啡机、净水器、榨汁机以及料理机等等。如果再把茶具、保健品、剩余食材和零食等物品放置于此，就会把厨房有限的收纳空间挤压得更少。其中最占地方的就是密封瓶和大大小小的一次性空瓶。

首先，要确定摆放在台面上的物品，除去最常用的电饭煲和微波炉外再放一两种即可，这样可以给烹饪留出空间。厨房必须要易于清扫，勤于清扫，因此厨房台面与洗手池上更不能堆积其他物品。为了方便随时清理，烹饪用具不要挂在外面而要集中收纳，随拿随用。

收纳整理上方橱柜

洗碗池正上方的橱柜，半透明的玻璃门一推开，映入眼帘的是全家人经常用的餐具。用完餐洗完碗，为了把沥干水的碗筷及时放入上方橱柜中，橱柜中需要留有相应的空间。如果此时空间不够，碗筷就会一直堆放在沥水架子上，渐渐地厨房就会到处都是锅碗瓢盆。不仅如此，如果不能及时刷碗，脏盘子就会越来越多。这样一来，即使家里只有五口人，但是碗筷却有几十人份。

> 根据餐具的用途、材质以及使用的频率
> 分类摆放在触手可及的位置。

洗碗池上面的橱柜用来摆放全家人的餐具，大盘子可以竖起来摆放，小盘子摞起来即可。

收纳整理厨房收纳柜

厨房的收纳柜中占地最多的就是保鲜盒，在购买保鲜盒时，最好购买四角形的，盖子也要选不同颜色的，这样就好区分。另外，保鲜盒的材质最好选择玻璃的。如果此时你的家里刚好有塑料保鲜盒，也别急着扔掉，因为我们接下来要整理冰箱，这时正好可以用上。

春天到了，前一年做的各式小菜吃完了，这时我们也可以把空泡菜桶变废为宝。例如做收纳盒收纳其他小体积的保鲜盒，或者存放五谷杂粮等。

厨房的收纳柜中还有很多小赠品和一些没用的东西。食材购买太多不仅会造成食物浪费，而且还造成

空间的浪费。糖果、泡面、咖啡、瓶瓶罐罐、餐具和
赠送的杯子等都挤占了有限的空间。

　　我有一个客户，她家里有很多一次性用品。

　　"天啊，你快来看看这些一次性筷子。"

　　"怎么这么多？"

　　"这得有一百多双了吧？"

▼　　厨房要做到易于清理，橱柜和水槽上尽可能不摆放杂物。

"不知不觉间积了这么多了？平时就是点外卖的时候送给我的筷子我没有丢掉而已……"

"是啊，不知不觉间物品积攒得这么多了。"

不仅如此，她平时根本不用的保鲜盒，也有好几十个。

▲ 最好购买四角形的玻璃保鲜盒。

"我从小和奶奶一起生活，奶奶生活很节俭，从来不扔东西，我也耳濡目染保留着这个习惯。"

其实，怀念奶奶不在于扔不扔东西。这位客户也为自己的"收藏品"感到惊讶。经过收纳整理，大家才会发现家里的角角落落里竟然不知不觉间有了如此多的"收藏品"。

▲　把必需品分门别类摆放在厨房的收纳柜内。

如果家里堆放过多的物品，也会导致霉菌和灰尘问题。厨房是烹饪的地方，因此更需要特别关注，保持干净整洁。如果厨房变得宽敞明亮，相信你的厨艺也会大大提高。

收纳整理灶台附近区域

烹饪时经常会用各类调料，因此调料要放在灶台下方的橱柜中。很多人为了图方便把调料放在灶台附近，但要注意，灶台温度很高，这会加快调料的变质。

最近随着核心家庭的兴起，饮食文化也随之变化。像许多亲朋好友来家中聚餐的情况，可能一年连一次都不到，鉴于这一点，我们也要适量缩减购买各类餐具以及厨房用品的数量。

把收纳空间打理得干净整洁

合理利用下方橱柜的空间

厨房常用的空间就是水槽下方的橱柜，我们可以在这里多安装几个收纳板，但是以前的老房子会有很多管道经过这里，因此在此处安装收纳板会很困难。如果能够安装收纳板，那么像各种锅碗瓢盆、扫除工具、刷碗布等就有了安身之处。但这里阴冷潮湿，要注意不要把调料放在这里。

合理利用上方橱柜的空间

位于上方的橱柜虽然自带收纳板，但是间距都太宽了。上文我提到过要把家里人常用的餐具放在水槽上方的橱柜内，但是如果橱柜里的收纳板之间的间隔太宽，那么只需追加收纳板，将原有的空间一分为二，就可以增加收纳空间，摆放餐具也就更方便了。

因此，我们要添加收纳工具。我的客户中，有人刚刚装修或即将搬家，我都会叮嘱他们要在原先收纳板的基础上追加几块板子，把原有的空间分成多个部分。但需要注意的是，这里的板子都很薄，不要在上面放过重的物品。

▲ 不要在收纳板上放很重的物品。

小贴士

合理利用上方橱柜空间的小窍门

√利用收纳工具灵活使用有限空间。

√利用收纳工具，把大空间划分成小空间。

√把经常使用的餐具竖起来收纳。

√杯子和碗放在上层，盘子放在下层。

厨房收纳的技巧

如果厨房的物品太多，又都是必需品不能丢掉，此时就需要用到收纳的技巧了。例如，不要把物品一个一个单独摆放，而是叠在一起收纳起来；充分利用塑料瓶等容器；另外像厨房湿巾、保鲜袋和锡箔纸等使用频度高的物品要放在抽屉里。

像茶和药这种小包装的物品，如果不能妥善保管，翻找它们的时候就会导致厨房瞬间被打回原形。按照物品的大小长短，剪掉塑料瓶的上半部分，它就会摇身一变，成为收纳小帮手。

也可以把塑料水果盒改造成塑料袋收纳箱。

▲　把塑料瓶的上端剪掉，可以用来收纳厨房的各种零碎物品。

小贴士

制作塑料袋收纳盒的方法

1.
准备一个塑料水果盒和湿巾盖子。

2.
用胶水把塑料盒与湿巾盖子粘起来。

3.
剪掉湿巾盖子下方的塑料。

4.
做好了！

05 一眼辨别食材——冰箱整理法

民以食为天，如今食材越来越多，为了储存各种各样的食材，大体积的冰箱也逐渐成为一种趋势。

冰箱内部大扫除

如果要整理冰箱，就必须把冰箱清空，这时候你会发现冰箱内部到处都是污渍。但如何彻底清洁冰箱呢？首先，我们要把冰箱里的橡胶垫都拆下来，然后把小苏打和水按照 1:1 的比例混合均匀，用混合液细细擦拭冰箱内部、上方以及冰箱门。冰箱的卫生环境事关家人的健康，因此清洁冰箱要格外细致。

小贴士

制作天然冰箱除垢剂的方法

1. 把小苏打和水按照 1:1 的比例混合均匀。

2. 将混合液均匀喷洒在冰箱的每一处。

整理收纳架

在把食物放进冰箱之前，就要规划好冰箱里每一个架子的用途。

体积大、重量重的物品要放在冰箱下层，最上面的一格高于视线，因此适合存放重量轻、不经常食用的物品。第二、三层与视线平齐，最适合用来收纳家人们喜欢吃的食品。冰箱款式型号不同，结构和容量也有所差异，我们要根据自己家里的实际情况，随时进行调整。

　　冰箱门的位置用来放各式饮品和鸡蛋再合适不过了。如果没有隔板，冰箱里的物品很容易倒下，这时就需要把它们固定住。我们可以在冰箱门处放几个材质轻薄的收纳篮来固定各种饮料和酒水，使它们不容易洒出来。

▲　体积大的食品放在下面，最上面一格放重量最轻的。

虽然冰箱里面也有隔板，但如果放入收纳篮会起到画龙点睛的作用。在置物架上放一些储物篮并摆放成抽屉型，不仅使用方便，打开冰箱的时候看起来也非常美观。如果想更整洁，可以使用冰箱收纳容器。最近，很多家庭不只有一台冰箱，有两三台冰箱的也不少。因为冰箱的体积大，所以一定先要考虑家庭空间再做选择，不要盲目购买。

也有人将面膜或化妆品放入冰箱储存。对于这种情况，应该将冰箱分出一部分空间专门存放化妆品。药品类、调料类相比于饮料类体积小，可以装在咖啡盒或塑料瓶里。把调料盒装在冰箱里不仅不容易洒，而且收拾起来也非常方便。关键就在于把冰箱和厨房都整理得便于清扫。

冰箱储放食物时的注意事项

有一户人家在整理冰箱和厨房上花费了很长时间。

客户带我到厨房说："其他地方我可以收拾收拾，

但冰箱就不知道怎么整理了。"

　　我打开冰箱冷冻室，试图从最上面拿出一块东西，结果冷冻的食物哗啦啦落了下来，还差点砸伤了我的脚。用塑料袋装好的鱼和肉塞满了大半个冷冻室，另一侧则堆放着数十个小桶。当我取出小桶一看，里面都是吃剩的咸菜，而且已经成块儿冻起来了。虽说冰箱可以长时间储存食物，但即使这样，食物也不可能一直不坏，所以不要太依赖冰箱。如果在冰箱存放食物，应该把它先放入容器中并密封好，或者将其放入塑料袋中系好，以防食物散落。

　　食物一旦放入冰箱，必然会失去原有的味道。尽管如此，人们却还是把食物放在冰箱里。冷冻室和冷藏室装满了各种不吃的食物，堆积得太多了，仿佛马上就要爆炸。所以建议冰箱里最好只装 70% 的东西。

　　从事整理工作后，我尽可能避免把食物放在冰箱里，只按照食量购买或者烹饪食物。因此，每次采购之前，都会先在便笺上写好必须购买的物品和数量，然后再出发去购物。这种做法可以防止冰箱挤满食物，清理也更容易了。

小贴士

整理冰箱的妙招

√快速处理室温下容易变质的冷冻室中的食物。

√把冷冻室中的食物全都拿出来，区分好要扔掉
的和仍需存放的食物。

√冰箱里的食物污渍容易滋生细菌，要经常进行
清洁。

√用棉签擦拭橡胶密封条等难以用抹布清洁的
缝隙。

√把咸菜装在透明的容器中，以便区分。

√将经常吃的咸菜放在托盘上，以便随时取出。

√用空的牛奶盒来存放酱汁，以防倾洒。

√将难以区分的杂粮放入透明容器中并贴上标签。

√将吃过的紫菜放入文件收纳盒并密封，既不易
变质，粉末也不易脱落。

√使用多台冰箱时，指定每台冰箱的用途。

06 考虑主人的品位——书房整理法

书籍整理

书房里最重要的东西就是书。在开始整理书籍之前，首先要区分书的类别。整理书籍也需要很多时间。还有一些乱七八糟的各种文件，可以先按急用、保存、废弃等三类进行区分保管。

假如已经分辨好了书籍的类别，那么就可以按照类别将书籍放入书架中。如果书很多，又不想扔掉它们，那么你得采取一种书前对齐的方法。如果把书向前对齐，书架里面就有了空闲的空间。再把其他书放进去，就可以多放很多书了。把书排列好之后，书的顶部和书架之间还会留有一部分空间，这时可以在上面放一个置物篮，然后将剩下的书放在篮子里。

但是，与其他事物不同的是，在整理书籍时，请避免将它们全部取出并重新放入。因为工作量太大，你很可能会感到疲惫。最好先按内容分类，分为全集类、单行本，以及成人书和儿童书，然后再更换书的位置即可。

从前读大学时看过的专业书籍就不要再保管了。没有必要打开一本二十多年没读过的书再看一遍，而且添加了新理论的同类书籍在此期间一定也出版了。可以将所需文件、保险单等整理好，并在书架中找出一格单独存放。

影集也是书籍的一种，因此最好也将其放在书架上，偶尔可以拿出来和家人一起欣赏。有的家庭没地方放置影集，就把它放在了潮湿的阳台上，结果出现了影集受潮损坏的情况。但如果没有空间而将影集放入盒子中，你可能不知道何时才会把它拿出来了。

书房也只放置必要的物品，无限制地堆放东西将会打破空间的秩序。请记住，整理就是要整理有价值和必要的东西。

> 整理书籍时，请避免将它们全部取出并重新放
> 入。因为工作量太大，你很可能会感到疲惫。

打造上班族的空间

为上班族创造空间的最佳场所就是书房。收集整理好书籍、电脑、奖杯和高尔夫球杆等物品。如果书房里有壁柜，可以把通勤的衣服也放在里边。上班族经常需要早早出门，如此整理便于他做上班前的各种准备。

书都放在书架上。书房只要有桌子上的抽屉作为工作的收纳空间就足够了。

创造一个兴趣空间

可以将与兴趣活动有关的东西放在书房里。

我曾经整理过的一个书房里，装满了各种微型积木（零件是一个个 5 毫米或 8 毫米左右的小乐高，可以组装成从动漫人物到著名建筑的各种模型）。

"现在都没有地方放了，但我丈夫还在买。"

"一定很难打扫吧。"

"我也会打扫，但灰尘堆积得很快。这里原本摆放了很多相框，但我把它们都收到盒子里了，腾出来的空间用来摆放这些微型积木。客厅的电视柜里也已经装满了。"

"我认为稍微整理一下会有空余的位置……"

"丈夫说这是一种花很少的钱就能享受的爱好。他每天下班吃完饭就进入书房捣鼓这些积木。 最近他又开始和孩子一起组装这些积木，我觉得我现在在家里有一种落单的感觉。"

"有爱好固然好，但这也太多了。"

"我不知道如何是好。"

家人有爱好，就意味着他们需要更多的空间。而要腾出一些空间，就必须减少或放弃一些东西。在这种情况下，可以迎合丈夫和孩子的爱好，整理书架，提供摆放积木的空间。书架可以根据房间的氛围来存放书籍，也可以用来做室内装饰，所以在购买书架时要考虑好房间的天花板高度。奖杯和照片摆放在书架上的情况也很多，在这种情况下，也要考虑好书架的颜色和大小。

07 关于家的第一印象—— 玄关整理法

人们最关注的身体部位大概就是脸。脸部是人们每天最常清洗和最用心打扮的部位。当人们相见时，看的首先是对方的脸。玄关也是人们参观房子时看到的第一个地方，因此玄关作为房子的门面，应该保持清洁。如果进入玄关首先看到的是乱七八糟的鞋子，那么别人对这个家的第一印象就会很差。

打造玄关空间

有些房子的玄关是长椅式的，可供人们坐在那里换鞋。但这样的室内设计只有在宽敞的房子里才有效果，在狭小的房间里则有可能会成为缺点，可能导致不能有效利用空间的问题。如果没有地方放鞋子，那么鞋子很可能堆在玄关处。

偶尔也有在玄关处摆满盆栽植物的家庭。如果没有空间，花盆会使玄关变窄，给人们带来不便。如果空间不足，请将花盆挪到其他地方。因为玄关处光线不是很好，并不适合放置花盆。

人们往往认为玄关是一个狭小的空间，但通过整理可以将其打造得更加整洁宽敞。

鞋子整理

整理玄关时，鞋子是重中之重。和衣服一样，每家每户鞋子很多。玄关处最占地方的东西也是鞋柜。鞋柜里的鞋子整理好以后，还可以放入雨伞、跳绳等物品。

要明确鞋子也要根据季节分类。一年只穿一两次的鞋子，比如只在夏天穿的水鞋、韩服鞋等，最好还是单独摆放。如果是不经常穿的鞋，可以把它们和相关物品放在一起。即使是一双备用的鞋，只要从鞋柜里拿出来，也能节省很多空间。

靴子是鞋柜里最占地方的。在整理鞋柜时可以将其单独拿出来放在收纳盒或透明鞋盒中。最简单的方法是保留鞋盒，不穿的时候再把靴子放回鞋盒里保管。

之字形的鞋柜也不一定很方便。这种鞋柜放在最里面的鞋子不好拿，很多时候里面的鞋子就被搁置了。家庭主妇即使现在不经常穿，也会把她们以前穿的高跟鞋放在鞋柜里。最近人们十分注意健康，因此还在鞋柜里放置了登山用品以及登山鞋、慢跑鞋等与运动有关的鞋子，这样一来就导致了鞋柜超负荷。

这里的问题是，不能准确地掌握家人拥有的鞋子的数量。有些人从来不考虑空间不够就要减少东西的问题。相反，他们的一贯做法是找不到就买，穿过之后等到换季再放进鞋柜里。这样下去，一家人的鞋子数量就会呈指数增长。

也有像艺人一样把鞋子和衣服展示出来的家庭，如果陈列的是不常穿的鞋子，那么比较干净，也就没什么关系。但是，经常穿的鞋子应该放在玄关处。明星们经常把鞋子陈列出来是因为他们的鞋子大多数都是表演的时候穿，所以都很干净。

不要把鞋柜塞得满满登登，要腾出一点空间。这样可以把脱在地上的鞋子重新放回去，等到客人来了就有地方放鞋子了。

整理鞋子的诀窍与其他收纳方法没有太大区别。根据季节，可以按照穿鞋人的类别和需求进行分类。童鞋尺寸很小，可以直立存放，也可以放在篮子里。

按穿鞋人划分鞋子的类别后，再按鞋子的类型进行区分。对运动鞋、单鞋、高跟鞋和登山鞋要分开整理。整理鞋柜最碍事的是妈妈的鞋和童鞋。妈妈的鞋太多，而孩子的鞋虽然尺码很小，占空间少，却容易胡乱堆在一起。

也有一些去年经常穿，但今年不穿的鞋。鞋要合脚，穿着舒服；鞋穿着不舒服，或不适合自己的风格，那就应该把它们收拾好。存放靴子时，为了防止靴子变形，可以在靴子里放一些报纸团或者放一个空的矿泉水瓶。

鞋的数量要和鞋柜相匹配，所以应根据家庭人数重新考虑如何使用鞋柜空间的问题。有些人可能觉得自己占据鞋柜的大部分空间是理所当然的，但如果不是一个人住，就不能只想着自己，还要考虑一下其他家庭成员。

把拖鞋放在篮子里也是个好主意。你还可以用购物袋、盒子、牛奶盒和咖啡架等。如果不行，也可以把鞋子按照季节分类后，放到透明的盒子里。虽然不经常穿，但不想丢弃的干净的鞋子可以一起摆放在衣帽间里。

▲　如果利用鞋柜上方的空间，可以收纳更多。

有件与一双鞋有关的事我至今难忘。那双鞋的颜色是象牙白，前部有蝴蝶结，是一双非常破旧的皮鞋。这是一个女儿委托我为她独居的父亲去进行整理收纳时发生的事。在清理壁橱时，我在盒子里发现了那双鞋子。

"你不能把它扔掉。"

"听您口气，这双鞋不一般啊。"

"这是我妻子的，她已经去世。这是她年轻的时候我给她买的。当时，我和她相比，年龄偏大了一些。她当时正是年轻貌美的好时候。我们是经人介绍认识的，每次见面，她总是穿着运动鞋来。当然，那个时候我觉得她穿什么都很漂亮。但我想知道她穿得更好看会是怎样。母亲含辛茹苦抚养我长大，所以从来没有买过一双正儿八经的皮鞋。我工作以后，第一次发工资就给妈妈买了一双很漂亮的皮鞋，但是当时妈妈已经上了年纪，穿那双鞋很费力气。虽然只穿了一两次，但妈妈每天都擦它。即便她也想打扮得漂漂亮亮的，但是已经上了年纪了。所以，在认识我妻子后，在她第一次过生日那天，我为她买了这双鞋。之后，我妻子虽然没怎么买过鞋，但去一些重要场合时总是穿这双鞋。"

我突然就明白了这双皮鞋出现在壁橱里的缘故。由于珍惜那双鞋，专门为它腾出了一个空间，偶尔整理的时候，看到它也不会放到玄关，而放在衣柜或房间里。

一般情况下，鞋子应该放在玄关处，但是像上述情况就可以例外。每当我想起这件事时，就想到了我的家人。无论你与家人住在哪里，都应该始终对他们充满爱意和体贴。

08 充足的收纳柜——简约的浴室整理法

人们都以为卫浴用品不多，整理起来非常简单，但事实相反，要整理的东西其实出乎意料地多。如果收纳柜的空间很充裕，可以放入洗漱用品、身体护理用品、美发用品和毛巾等，但是最近流行不在室内安装顶柜。所以大部分家庭的浴室里只有洗手台下面的一个柜子。如果浴室用品逐渐增多，整理时就会时常感到空间不足。

整理浴室用品

即使是基本用品，也有洗发水、护发素、发膜、身体乳、洗面奶、剃须刀、吹风机和儿童用品等。此外，很多家庭还会使用不同品牌的产品。因此，在整理浴室用品时，最好先将家庭共享的物品和个人使用的物品分开。

浴室里，清洁和通风是最重要的。因为相对来说，浴室是一个比较潮湿的空间，所以要经常观察，不要让浴室发霉。尤其是瓷砖与瓷砖的接缝之处，容易滋生污垢和细菌。如果放任不管，可能就会因细菌繁殖而产生异味。因此，浴室中只应摆放要使用的沐浴用品，比如洗发水和沐浴露这类必需品。

浴室地板清洁

浴室总是湿漉漉的，所以尽量不要把物品放在地面上，而且要尽量减少物品的数量。浴室门稍微一打开，湿气就会蔓延，所以要及时清除污垢。

浴室也是一家人共用的空间。所以使用后如不及时清理，其他人使用时就会感到不舒服。浴室需要经常用水，所以在使用时也要多加注意。除了垃圾桶和清扫刷之外，尽量不要在地面上放其他物品，保持清洁是很重要的。我经常听说浴室地板湿滑导致的事故。我一个朋友的妈妈在家中浴室滑倒，住院治疗了很长一段时间。起因是孩子去外婆家玩，在浴室里把洗发水弄了一地，而外婆毫不知情，走进浴室便滑倒了，大腿受伤，行动不便，而且随着年龄的增长，恢复得也非常慢。即使住了很长时间医院，也没有康复到摔倒之前的水平。

浴室事故频发，不仅是老人，小孩在浴室也容易受伤。所以保持浴室地板干燥很重要。

浴室最大的作用就是洗去一天的疲劳，恢复身心的洁净。劳累了一天洗个热水澡，很大程度上可以缓解疲劳。如果家里有浴缸的话，也可以享受一下，在浴缸里放好热水，洗个泡泡浴。当然，用完浴缸后，还需要洗个淋浴彻底冲掉泡沫。如果你没有浴缸，也可以使用淋浴洗个热水澡。

"你今天也辛苦了。你已经非常努力了。你是最棒的。"

给孩子洗澡时，要多表扬他。对你自己也是如此。在芬芳干净的浴室里悠闲地洗个澡，就会感觉很舒适。

09 明确用途——阳台整理法

整理阳台最好的办法是先确定一个可以专门放置物品的屋子，然后再把阳台上的物品放进去。还有一种方法就是将一些屋子里不能放的东西和季节用品放在阳台。

阳台物品整理

从屋内需要拿出来的东西，大部分都会存放在阳台上，因此随着时间的推移，很多东西会逐渐堆积起来。然而，阳台也是一个使用目的明确的空间。随着季节的更替，阳台上的物品也要更换，但如果部分物品占据阳台的空间过多，就无法把应该放入阳台的物品放进去。比如夏天已经过去很久了，但无处存放的电扇却还占据着客厅一角。

那是很久以前的事了。当时是夏天，天气很热，我去一个客户家，看到了孩子在阳台上玩耍。这家的阳台似乎是专门为孩子开设的单独空间，但没过多久，就传来了孩子的哭声。我很惊讶，因为听说阳台上并没有危险品，所以赶紧跑过去看到底是怎么回事儿，结果发现孩子正披着一个旧被子，妈妈连忙抱住孩子并进行安抚，孩子很快停止了哭泣，又跑到被子上开始又蹦又跳。

"你把被子放在阳台多久了？"

"我搬家的时候把它放进去的，大概有四年了吧？"

"这期间可能会潮湿或发霉，所以最好不要让孩子在这里玩儿。"

"是吗？我还真没想到这一点。我还一直以为把被子放在柜子里就会很干净呢。"

阳台也有点儿潮湿，所以最好不要把被子、衣服或包包等物品放在那里。有时候可能因为我们考虑不周、收纳不当而导致一些事故。如果整理不当，可能会损害家人的健康或使孩子处于危险境地。阳台的布置是模棱两可的。这是因为在各个房间或公共空间，总会有无法存放的东西。然而，无论你如何整理，大多数存放在阳台上的东西最终还是要处理掉的。

按照物品用途整理阳台

如今的公寓往往通过增加阳台的数量来增加存储空间。不仅有前阳台、厨房阳台，还有与每个房间相连的阳台。如果有多个这样的阳台，最好有目的地对它们进行整理。与厨房相连的厨房阳台通常可以放置洗衣机和泡菜冰箱等，夫妻俩的物品可以放置在卧室阳台上，以保持空间相互连接，同时也便于查找和使用。

阳台储物柜的整理

通常，阳台储物柜里面的隔板之间的间距较大。在这种情况下，你可以在其中放置更多的隔板，以便更好地存放东西。较重的东西可以放在底部，较轻的东西可以放在顶部。但是，有的家庭搬家时，搬家公司的人在收拾的时候有可能把一些东西直接放进阳台储物柜里，搬过来之后主人没有再重新整理阳台储物柜的情况也不在少数。当你把东西再拿出来整理时，物品已经受潮且沾上了很多灰尘。这就是每次换季都不应该忘记整理，并更换放置在阳台储物柜里的物品的原因。

阳台也可以根据空间的用途明确使用目的，这样在放东西时就可以减少很多烦恼。虽然阳台可以容纳所有物品，即使你认为现在不用的东西，也不要将这件东西随意存放在阳台上。正如我之前所说，放入阳台的物品很有可能是要扔掉的东西。因此，请仔细考虑并决定要保留哪些东西。不管是什么，都不要随便堆放在阳台上，因为存放在那里的东西过了一段时间连用都没有用就会被扔掉的。

> 阳台主要用于存放抗潮湿或者不怕蒙尘的物品，例如夏季用的内胎、滑雪装备、旅行箱等。

第四部分
Part Four

**给生活不易的人们
推荐的整理方法**

01 如果孩子总是把家里弄得乱糟糟的

李敏珠 / 33 岁 / 一位母亲 /
孩子总是把家搞乱，对此我感到十分头疼

在结婚以前，收纳整理是敏珠的爱好。但在短短几年的时间内，因为把精力倾注在育儿上，她变得疲惫不堪，整个人都发生了翻天覆地的变化。在宝宝出生以前，她总是把家里装点得像杂志里的图片一样精致。然而在有了宝宝以后，只有当宝宝熟睡时，她才有时间来读书充实自己。

"我朋友说，生了孩子以后，连上厕所和洗澡的时间都没有，之前我不相信。我以为在孩子睡觉时或者玩玩具时，我可以做自己的事，但在后来才发现，这根本不可能。有时宝宝睡得很轻，我发出一点点声响都会把他从睡梦中惊醒。等宝宝睡熟了，我也因为一天的疲惫而呼呼大睡。"

敏珠家客厅的一面墙上放满了婴幼儿读物，客厅前面的窗户旁堆放着各式各样的玩具，厨房和客厅交界处摆放着一个滑梯，电视柜和沙发上也堆满了婴幼儿物品。

厨房的上方橱柜里被婴幼儿药品和零食所占据，餐桌上也凌乱地摆放着各种水果和杂物。打开冰箱一看，满满当当地全是剩饭剩菜。

"这些东西还能吃吗？"

"因为孩子的关系，我没时间做饭，所以为了方便，每次都会做很多，存放在冰箱里。不知不觉间冰箱里的剩饭剩菜就越来越多了。"

敏珠家里有三台冰箱。放泡菜的冰箱被娘家和婆家寄来的各种小菜塞满了，孩子吃的有机食品占据了一整个冰箱，而另一个冰箱也装满了化妆品。泡菜储藏久了会有异味，敏珠舍不得扔，婆家和娘家的心意又不好拒绝，因此家里的小菜堆积如山。

也因为孩子，敏珠家里的卧室没有安置床，只是在地上铺了被子，也是很久没有整理的样子。梳妆台和衣柜的角落里积攒了厚厚的灰尘，梳妆台也是乱糟糟的。这又是一个沦为仓库的房间。衣服随意挂在卧室的门把手上，宝宝的礼盒和玩具也扔得到处都是，有的甚至连包装都没拆开。房门右侧墙角摞着好几箱瓶装水。

"宝宝是我们家里的第一个孩子，所以我妈妈和婆婆总是给他买很多东西。"

现在孩子去了幼儿园，敏珠也有了更多的时间，因此，她此次想重新整理内务，做些自己的事情。她结婚前也是个收纳高手，所以这次下定了决心，要让家重焕生机。

"孩子有个人空间很重要，现在他长大了些，这次我想准备给他做一个儿童房。"

墙上贴满了孩子的涂鸦，首先我们要做的是重新粉刷一遍墙，再着手进行收纳整理。几天后，曾经四处散落的儿童物品全部转移到了客厅，客厅顿时没有了下脚之处。

"怎么有这么多东西？"

紧接着，我们把衣柜和床放进了儿童房。为了让孩子自己穿衣，衣服得挂好，书架上摆放着几本他最喜欢看的书，其余的书放进了书房中书架的一角，因为那儿的空间比较宽裕。我们也重新整理了冰箱，把变质的食物拿出来丢掉。

"现在我也该做出决断了，如果长辈们再给我小菜，我会推脱不要。"

虽然敏珠也不忍拒绝双方长辈的关爱，但家里的东西实在太多了。

收纳整理过后，敏珠最满意的地方就是厨房，碗柜一角摆放着她最喜欢的书和笔记本，这里是只属于她的私人空间。

"现在我终于可以像我结婚前想象的那样，一边读书一边度过只属于我自己的时间了。"

敏珠向我炫耀道，现在每当宝宝晚上睡着之后，她就会和丈夫两个人坐在沙发上，一边看电视一边吃水果，惬意地享受两人世界。宝宝从幼儿园放学以后也会在自己的房间换衣服，学习"自力更生"。

敏珠最开心的就是：宝宝终于改掉了之前到处乱扔

玩具和图画本的坏习惯。以前敏珠总是跟在他屁股后面收拾，现在陪宝宝做完功课或者游戏后，他们会把不用的物品挑出来放进收纳筐里，打造了一个小小的玩具收纳空间。宝宝也觉得和妈妈在一起制作玩具收纳空间、写字、贴标签是一件很有意思的事情。这时我发现，敏珠在结婚前其实也是个"洁癖狂"和"收纳达人"。如今，敏珠一家也养成了把物品及时归位的习惯，家里物品的摆放变得整洁了，清扫起来也就变得更加容易了。不仅如此，作为母亲，让孩子养成了爱干净、喜欢整洁的好习惯，对于敏珠来说更是莫大的骄傲。

02 如果因为抑郁症而提不起整理的兴致

李荷娜 / 35 岁 / 单身女性 /
由于减肥一直失败，患上了抑郁症

"说实话，对于收纳整理我总是兴致缺缺。屋子乱七八糟无所谓，只要我自己开心就行，从前的我是这么想的。"

正如荷娜所说的一样，在她的生活里，根本没有收纳整理这一说。不仅如此，她家简直就是大型垃圾场。荷娜总是找不到需要的东西，然后再去买新的。我去帮她收纳整理时，光是丝袜就找出了一百多双，连包装都没拆的全新丝袜就挤在衣柜的最里面。看到这些，荷娜也很吃惊。

"为什么它会在那里？"

还没有拆开包装的新丝袜为什么会出现在衣柜的

最里面？真是太让人费解了。难道是先掉在了地上，然后捡起来随手就放在衣柜里，渐渐地被挤到最深处了？在荷娜家里，像打底裤放在水槽下方的柜子里的这种令人费解的事情也比比皆是。

"可能是那天我喝多了吧。"

荷娜的脸一下子红了。她身高 165 厘米，体重 70千克。她觉得自己太胖了，尝试了各种方式去减肥。有一次好不容易减肥成功了，但不久后便反弹得比从前还胖。她家里随处可见尺码不同的衣服，从 55 码到77 码都有。问其原因，她说，由于减肥总是反弹，所以她的身材变化很大，以至于家里要常备各种尺码的服装。

"我减肥已有 20 年的时间了，但真正能称得上瘦的时期极少。大概 20 年里能有一两个月？肥胖问题反反复复、无休无止。胖难道是我的错吗？减肥是时尚，为了减轻肥胖症给我带来的负罪感，我还专门去听了各种心理学和社会学的讲座，想堂堂正正地活在这个世界上。但是就连这点小小的要求，都成了我的奢望，我变得越来越自卑，最终患上了抑郁症。"

辞职以后，在三个多月的时间里，荷娜把自己关在家里闭门不出。渐渐地，家里变得越来越乱。她的姐姐出于担心，来到了她的住处，在看到了荷娜的样子后，顿时号啕大哭。

"看到姐姐伤心地坐在成堆的垃圾中痛哭时，我吓坏了。姐姐本是一个非常积极向上的人。她担心我减得太厉害，一直挂念着我。"

这次我也是受荷娜姐姐的委托前来收纳整理的。荷娜并不是突然感到人生的乐趣，而是看在姐姐的面子上才勉强答应进行整理的。她觉得整理对自己的人生不会有任何帮助，她自暴自弃的状况依旧不会有什么改变。

收纳整理开始之后，我发现最大的问题在于衣服。荷娜现在穿 77 码的衣服，但是衣柜里挂满的是 55 码的衣服，很多她一次也没穿过。现在荷娜经常穿的衣服要么随意地丢在地上，要么随意地挂在衣架上，完全看不出来这些衣服原本是名牌。看到堆积如山的衣服，荷娜不禁露出了苦笑。

"我觉得看着这些小码衣服就可以激励我成功瘦

身，但我每次都没能付诸行动。"

对于荷娜来说，并不存在"活生生的现在"，她是在"假如有一天我减肥成功"的"虚无缥缈的未来"中生活的。通过谈话，我们决定只留下现在能穿的衣服，先把它们放进衣柜里，然后果断地处理掉其他的衣服。

扔衣服是一件很麻烦的事，特别是在荷娜眼里。因为在她看来，这些衣服象征着"减肥成功"的美好希望，所以扔掉它变得更棘手了。

"扔掉这些衣服就像是在否定我的一生。"

我很理解她的这种心情。当自己的理想与现实产生矛盾时，很少有人能够做到无动于衷。当我提议留下几套等她瘦身后再穿时，她沉默了一会儿，坚定地摇了摇头。

"不行，我得狠下心了。"

我大吃一惊，因为在我的设想中，她是一个意志脆弱的人，从不做整理，减肥也没成功过。但这时，我感到我的这种判断是以貌取人的偏见，是绝对错误的。她其实比任何人都渴望着一种变化。

　　光是整理衣服，我们就花费了半天的时间。经过半天的工夫，她家发生了翻天覆地的变化。紧接着我们整理了厨房、玄关、客厅、浴室和阳台，还扔掉了很多东西，让人难以置信的是这小小的 45 平方米的房子里竟然塞了那么多的东西。整理完成后，客厅看起来像是 90 平方米一样宽敞。

　　荷娜站在客厅中间，脸上露出失魂落魄的表情，喃喃自语道："这段时间我是怎么活过来的……"

　　直到最后，她也没说出个所以然来。此后，荷娜通过网络和书籍查找了整理的相关信息，虽然生涩，但还是学会了独自整理的方法。通过整理，她再次找到了"对自己的悦纳"和"自信"。只有相信自己，才能迈向新的世界。荷娜重新开始了工作，加入了同好会，跟朋友约会，也开始了新一轮的减肥，并且有了明确的目标，每月减 3 公斤。经过 6 个月，她的体重保持不变，继续穿 66 码的衣服，衣柜里 77 码的衣服都被她处理掉了。

　　"现在的情况就是，家里只留下必需品，不需要的可以送给别人或者处理掉。只要东西一多，我就觉得憋得慌，生活也难以为继。我从来没想过我会变成这样，人真是一种捉摸不透的生物。"

　　也许是觉得自己的说法有点儿奇怪，荷娜大笑了起来，这是一种让人感到幸福的灿烂笑容。现在，荷娜不再是受东西支配的人，现在的她成了自己生活的主人。

03 如果你正在面临离婚危机

李钟鹤 / 41 岁 / 两个孩子的爸爸 /
因与妻子不和而面临离婚危机

李钟鹤给我的第一印象是像个"机器人"，他说话没有感情，就像录制好的机械音频一样，从来都没有波澜变化。他刚过 40 岁，但正在经历人生的一道难关，因为他即将和一年前开始分居的妻子离婚。

他是个近乎成瘾的"收集狂"，不仅收集乐高手办，还收集各种各样的手工艺品。问题是他收集的范围太广了。他并不是在集中收集某一品类的东西，而是只要看到符合自己口味的东西，就将其"收集"起来。

"从小他就表现出了这种倾向，收集邮票、画片和瓶盖儿，长大后，他就开始收集游戏道具。他也不是执着于那些稀有物品，而更像是执着于'收集'本身。"

当收藏的物品增加时，他自己也许会乐在其中，但家人却感到厌烦了。姑且不说逐渐变狭小的空间，妻子和两个孩子对爸爸的这种行为也心生不满。身为爸爸总是忙于其他事情，钱也花在了收集物品上，为此夫妻俩经常争吵不休。

"我用孩子的补习费买了我想买的东西……妻子应该气坏了，那时候我就像被什么东西蛊惑了似的，反正就是买了……"

委托整理钟鹤房子的人是他的母亲。刚听到独生子钟鹤说妻子跟他分居，还带走了孩子时，母亲觉得儿媳既讨厌又可恶。但看到儿子家里的模样后，母亲不禁咋舌，也就理解了儿媳为什么要分居，她知道儿媳比谁都爱干净。

母亲说服了儿子，把东西都清理掉了，但这并不等于治好了钟鹤的收集癖。母亲偶然在电视中看到了关于整理的节目，忽然灵光一现，心想：儿子要成为离婚男了，作为妈妈是不是该为他做点什么？于是，她抱着一种急切的心情联系到了我。

如果是平时，钟鹤可能会把清理收纳的话当作耳旁风，但面对母亲的恳切请求，他终于答应了，而条件是不能碰他的收藏品。我也渐渐理解了第一次去商谈时钟鹤冷淡的反应。

"这些收藏品对您而言有什么特别的意义吗？"

"这是我的全部，我剩下的东西就只有这些了。"

他本想再多说点什么来着，却突然缄口不言了，可能是不愿意向素不相识的人吐露自己琐碎的家事吧。为了不刺激他，我便小心翼翼地又问了一句。

"您想把这个家变成什么样的？"

"什么样的家？"

他惊讶地看着我，仿佛是平生第一次听到这样的一个问题。

"幸福舒适的家……和家人一起生活的家……但时至今日，说这话还有实现的可能吗？感觉为时已晚……"

他转过头来环顾房子四周，长叹了一口气。妻子带着孩子出走后，留给他的只有这些收藏品了。但即使有这些收藏品每天陪着他，他仍然觉得很孤独。他怀念孩子吵闹的声音，怀念一家人围坐在餐桌旁吃饭的情景，甚至怀念妻子"不要脱袜子"的唠叨。

"您确定好真正珍惜的事物后，请再联系我。我会按照您的要求整理的，您想以整理收藏品为主，那我就以整理收藏品为主，您想把家变成和家人共同生活的空间，那我就把家整理成和家人共同生活的空间。我等着您拿定主意。"

第一天我就那样走了，因为想给钟鹤一些时间，他现在最需要考虑的是什么东西对自己最重要。两天后，我接到了他的电话。

"我想把家整理成和家人共同生活的空间。"

我来之前，钟鹤已经把他所有的收藏品都放在了客厅中间。钟鹤想把这些收藏品全部都扔掉，我劝他不必如此极端。我提议留下几个有意义的东西，因为兴趣爱好并非是坏事。他考虑了一阵，决定留下与NBA（美国职业篮球联赛）有关的一些物品，说孩子也喜欢这个。

闲置一年多的房子里到处都是要清理的东西，其中不仅有之前收集的东西，还有离家出走的妻子和孩子的东西，全都没有整理好，堆得乱七八糟的。最严重的是冰箱，因为没有好好整理，堆满了母亲送的菜，很多食物还没吃就变质了。

我和钟鹤讨论了空间布置的问题，并对孩子房间的整理交换了很多意见。他说孩子此前几乎不住在自己的房间里，而是住在客厅里。即使不能和妻子、孩子重新生活在一起，他也希望能够好好整理一下孩子的房间，以便让孩子偶尔回来住几天。

确定好每个房间的用途后，我便开始划定界限。钟鹤的家是典型的 75 平方米的公寓，其中有一个大房间、两个小房间、一个厨房、一个客厅和一个多功能室。因为是开放式的阳台，所以客厅就显得比较宽敞。将两个小房间作为孩子的房间，大房间作为夫妻的卧室进行整理。

"哇，变样了，像个新房子了。现在我有勇气给妻子和孩子打电话了。"

他尴尬地笑了笑，我也笑着鼓励他，给予他勇气。

"一定要让妻子跟孩子一起来，说不定会有好事发生。"

"一定会的，我想在这个家重新开始新生活。"

钟鹤发自内心地说道。他之前给我留下的像机器人一样索然无味的第一印象已经无影无踪了。

他第一次邀请妻子和孩子回家的时候，妻子没有答应，只有孩子们回来了。孩子们觉得父亲不会有丝毫改变，但他们看到整理得干干净净的房间时，个个都惊呆了。之前孩子们一个月回一次家，现在一周回一次家，放假的时候也会回来住几天。三个月后，他们开始说服妈妈搬回来一起住，说原来"我家"住起来比妈妈的家更舒服。

因为孩子，妻子不得不跟丈夫重新住在一起，她也看到了丈夫的变化，以前只顾自己的爱好，丝毫不考虑家人的他现在开始先考虑孩子和妻子，于是妻子也回心转意了。一年后，钟鹤终于跟家人们重修旧好，在妻子和孩子回家前的一周，他还特意委托我又整理了一遍家。

"这次请务必整理好妻子住的地方！"

他毕恭毕敬地低着头嘱托我。当我听到他的这句话时，心里非常激动，真切地感受到了他对妻子的深深情谊。为他人整理房间意味着接受并尊重他人的存在。钟鹤把人放在比物更加重要的位置，把家变成了家人们真正的安乐窝，希望他们一家人能够永远幸福。

04 如果和心爱的家人告别

姜英心 / 62 岁 /
丈夫去世后万念俱灰的妻子

英心最近由于丈夫的去世而痛苦不已。丈夫在退休前不久病倒了，于是夫妻俩搬到了阳平。他们在空气好的地方建了个菜园，还上山挖了一些有助于丈夫康复的药材。丈夫病情一开始有所好转，比医院预估的时间还多活了一年。但最终他还是没能战胜病魔，撒手人寰了。她的二女儿看到她萎靡不振的样子，委托我到她家收纳整理。

"我一开始以为是因为爸爸刚刚去世，妈妈才那么伤心的。期望日子长了妈妈自然会好起来，但是恰恰相反，随着时间的推移，妈妈变样了，变得不爱出门。偶尔她会去和我爸爸一起散过步的老地方走走。有时候等我走了，她干脆把门关上，闷在屋里，电话也不接。后来我去找她，嘱托她接电话，她这才开始接听我们的电话。"

英心的大女儿生活在美国，所以不能经常来看妈妈。二女儿看到妈妈低落的情绪，心里很难受，于是就委托我上门服务。

"我在电视里听说整理收纳可以打开封闭的心扉，这句话给我留下了深深的印象。所以我做了这个决定。在爸爸去世后，妈妈终日郁郁寡欢，我想帮她解开这个心结。"

当我这个陌生人登门服务时，她没有做出任何反应，只是呆呆地坐着。她的二女儿来了，她也只是瞥了一眼，什么话也没有说。

"庆幸的是我们家还有只宠物狗，这是我父母一起养的，它本是一只非常活泼的小狗，但是最近也变得越来越没有精神了。"

果然，小狗被主人抱在怀里，主人一伸手，它就病怏怏地躺下，倦怠地眨眨眼。当我开始收拾东西时，我打开了客厅的前窗。屋子里的氛围很压抑，但在通风换气之后瞬间好多了。

客厅、浴室、厨房、屋子里到处是宠物的踪迹，又脏又臭。浴室的地板上胡乱地堆放着一些杂物，卫浴物品底下开始发霉了。卫生间的角落里也长了许多霉菌，一打开收纳柜，一块肥皂啪地掉了下来。没整理过的物品随意地堆放在地上。

厨房里几乎没有烹饪的痕迹。只有在微波炉上能看见一点汤渍。冰箱里堆满了很多过期没有食用的食物。卧室里还挂着丈夫的衣服，一侧散落着与宠物狗有关的物品。我先把她丈夫的衣服和东西拿了出来。

"请不要扔掉我丈夫的东西。"

英心第一次开口说话，但只说了一句。我完全能理解失去心爱的人的感受。她无法忘怀病逝的丈夫，日日沉湎在悲伤之中。看着她的样子，大家的心里都非常惋惜和心痛。

听着二女儿的嘱托，我在男主人生前的书房收拾了他的遗物。为了让英心怀念她的丈夫，书房整理成了她丈夫的房间。卧室是英心的空间，经过精心布置，营造出了整洁温馨的氛围，便于她安心休息。在床边不远的地方，我还单独给英心的宠物准备了一个小空间。现在宠物狗对英心而言是家人一样的存在，希望狗狗能一直陪伴着她。

在进行整理收纳时，需要特别注意的地方是客厅。我把英心和丈夫曾经坐着喝茶的茶几拿出来，摆放在靠窗的地方。我是希望英心在这里晒太阳或者偶尔远眺一下大自然的美景。

后来，英心的二女儿告诉我，她陪妈妈去了父母曾经经常一起去的地方散步，还和妈妈坐在客厅一起喝了茶。

英心的心态渐渐产生了变化。她开始经常带着宠物出去遛弯，也开始收拾菜园了。她还联系我说，等生菜和辣椒成熟，会给我寄一箱过来。她开始和朋友联系，还邀请了一位在小区新认识的朋友到家里做客。她们在客厅一起喝茶，还一起去爬了山，还要和朋友组织一个定期的聚会。

"家里经过了整理后，我才逐渐接受了丈夫已经去世的事实。虽然我仍然非常想念他，但每当这个时候，我都会去书房看看我丈夫的照片，读一读他曾经读过的书。现在和以前不一样了。以前家里到处都有丈夫的痕迹，所以我总觉得他还在，但是收纳整理之后，看着整洁美好的房子，让我想起了新婚宴尔时的光景。然后像那个时候一样，心头开始涌上了一些想要做点什么事情的冲动。就像和丈夫在世时一样，要努力生活。我想丈夫他应该也是这样希望的。"

现在她有了一个兴趣爱好。她喜欢上山挖草药，然后做成酵素。因为经常爬山，她的身体也变好了，而且感觉时间过得非常快。她把酵素做好以后分享给朋友，那些朋友又把它分享给更多的朋友。

英心的那段死气沉沉的日子已经过去了。她现在带着过去美好的回忆，每天都过着充满活力的生活。

05 如果想要节省生活成本

李智仁 / 28岁 / 购物狂，女上班族

　　"天哪！这个房子怎么了，这儿难道是垃圾场吗？你是怎么在这儿吃饭睡觉的，完全没有下脚的地方嘛。"

　　智仁在首尔住的地方是一居室。有一次，她的妈妈到首尔出差，顺便去了她的家，结果吓了一跳。房间里堆满了各种衣服，需要跳着走才能找到落脚的地方。智仁自己挣钱以后有什么想买的东西就毫不犹豫地出手购买，随着时间的推移，家里物品越来越多，逐渐堆积成山。房间里除了睡觉的床上，全都堆满了东西，似乎没有其他空闲的地方了。

　　"我的孩子独自在首尔工作，有时候我去她家一看，整个屋子就像是被轰炸过一样，一片狼藉。我担心如

果她一直这样生活下去，以后还能不能嫁得出去。"

　　这次委托我进行整理的是智仁的妈妈。以前她一到首尔都会去女儿家里打扫一番。但是不知道从什么时候开始，智仁的家越来越乱，妈妈也不知道该从哪里下手了。

　　在智仁的房间内，除了床以外，几乎没有可以下脚的地方。打开房门，就能看见玄关的地上摆放着好几双鞋，其他人的鞋根本放不下。鞋柜里满满当当，被夏天的凉鞋、拖鞋等胡乱塞满了。

　　因为鞋柜已经满了，所以智仁又买了一个鞋柜放在玄关处用来收纳其他鞋子。而靴子不太容易收纳，她都是直接装在鞋盒里，随手就放在阳台上。

　　"我看外面也有鞋，不怕被别人拿走吗？"

　　"不，不会的。有时候我就把快递直接放在门口，没人拿走。"

　　房间里没有衣柜，只有两个双层衣架，但是也已经没有地方再挂衣服了。所以很多衣服叠放着挂在一起，以至于衣架看起来马上快要坍塌了。衣架末端的挂钩上挂着好几个包，其中一个包里面还有一顶帽子。

由于包包和帽子没有妥善地存放，所以都有些变形了。储物箱里有长筒袜和紧身裤，但是由于缠绕在一起的东西太多了，箱子的盖子根本盖不上。

"有一些已经破洞了，可以扔掉吗？"

"不，别扔。如果有破洞的话，我再穿一双袜子就行了。"

化妆品随意地放在梳妆台的抽屉里，以至于拿出来都有些困难。类似于口红和眼影之类体积较小的化妆品有数十种。卸妆后的化妆棉就随意地扔在梳妆台上，有的甚至从抽屉里冒出头了。有好几种身体护理品只用了一点就被闲置了。似乎没有一件化妆品能用到空瓶，连包装都没拆开的化妆品也不计其数。相同的香水也有好几瓶。

"这是我非常喜欢的香水，所以打折的时候就买了好几个。"

没有开封的化妆品，单独进行整理收纳；已经开封的化妆品，根据其失效日期进行整理，再把已经过期不能再使用的物品拿出来丢掉。全部整理好之后，化妆品的数量明显少了很多。

　　总的来说，智仁的问题是有很多一模一样的东西。有时是因为便宜，多买了几个；有时是因为物品太多了，一时难以找到，所以重复购买了同样的东西。除此之外，还要归咎于从小养成的性格：不太擅长舍弃物品。

　　"新的东西明明那么多，旧的怎么还不扔掉，留着它做什么呀？也不是什么珍贵的东西。新的也不用，放置着也会慢慢过期的，你这个样子结婚以后怎么打理家务。是我没有教好你，要不然我还能怪谁呢。"

　　智仁从小十指不沾阳春水，她的妈妈现在对此非常后悔，责怪自己从小对她太娇惯，没让她学做家务活。智仁从小到大一直备受父母的宠爱，长大以后也找到了一份非常好的工作，而且她也很努力。智仁的长相是会让人产生好感的类型，工作做得很出色。

　　"一开始不是这样的。大学时我和一个朋友一起住，但她不怎么爱收拾，所以后来我觉得我收拾也没什么意义。习惯就成了自然，我觉得那种生活方式也很舒服。"

　　智仁在一旁看着我进行整理的全过程，深深地反省了自己过度消费的生活。

"没想到我是这样一种人，不经思考就买自己想买的东西。我从来没有好好整理过这些东西，所以，我自己也不知道我到底有哪些东西。现在我知道自己有什么东西了，也深刻地感受到了自己买来之后没有用过的东西实在是太多了。"

我把各个桌子上的衣服、化妆品、首饰等收纳整理好之后，智仁可以在家里看书，也可以安心完成积压的工作。而最大的变化是，当智仁想要买什么东西的时候，知道先确认一下家里是否有类似的东西了。智仁说她现在不像从前，想买什么东西就买什么东西。买东西时都会考虑再三，看看是否适合自己。比如，买衣服时会挑选可以与现有的衣服搭配的那种。

"那些原本爽快下单的东西，在考虑了几次之后再决定是否购买，结果发现省下了不少钱，存折里也有存款了。现在的我不仅在心里想着结婚的事，而且在实际生活中，也在学习省钱的技巧，学习怎样过日子。其实，就像妈妈所说，以前的我看着自己的房间会忧心出嫁之后能不能过好日子，但现在的我对此有信心了。我现在还可以邀请朋友到家里来做客了。以前老家的朋友偶尔会来首尔的时候，我都没有留她们在家过夜，感觉特别对不起她们。"

以前，智仁不知道每个月的工资都花到哪儿去了，卡上的钱就这么没了。而现在，智仁露出灿烂的笑容，说自己通过收纳整理，学到了合理消费的方法，支出也因此大幅度地减少了。

后记

整理了 2000 个家庭后的所思所想

40 岁的时候，我开始做收纳整理的顾问。当然我也知道，40 岁这个年龄对于开始一项新的事业来说，应该是比较晚的了。结婚之后，我一直忙于家务，当我鼓足勇气要到外面的世界闯荡时，却发现没有任何可去之处。而且孩子还很小，实在有太多的不便了。经过四处打听，最终我询问了就业援助中心。

"您有什么想要做的工作吗？"

"我应该做什么呢？我只在百货商店工作过……"

那时，我真的不知道自己应该做什么。在做家庭主妇的那些年里，我自认为在抚养孩子和精打细算这些方面，是十分称职的，甚至可以说做得非常好。但是，当我走进社会后却发现，几乎没有什么适合我做的事情。于是，我第一次开始认真地思考"我可以做好什么工作""我到底喜欢什么工作"等问题。

我生来就不喜欢把物品摆放得乱七八糟的，而喜欢将已用的东西改造一番，以便后续再用。比如，把裙子剪一剪做成窗帘，把牛仔裤改一改做成收纳箱等等。当一件物品在我手中脱胎换骨，重获新生时，我总会心生一股无与伦比的欢喜。但是，即便如此，我还是没想到我最适合做的其实是收纳师，虽然我非常喜欢收纳整理这项工作。

"姨妈，听说现在有收纳师这个职业，你要不要查查看？"

外甥的一句话将我带到了收纳整理的世界里。一开始我非常茫然，不止一次心里嘀咕道："收纳整理算是一种职业吗？"但是，天哪！当我真正开始干这项工作时，万万没想到它会给我带来无上的幸福与喜悦。我万万没想到，我居然一边做着自己喜欢做的事，一边挣钱，好像眼前突然出现了一个新世界。

"妈妈，您真的喜欢这个工作。"

"妈妈，您的眼睛在发光啊。"

孩子看着我，微笑着说道，他们也感到很神奇。

收纳整理这一职业让我的生活变得充实了起来。在四十岁之前，我根本想象不到的事，现在已经变为现实了。收纳整理对我来说是一把通向幸运的钥匙，给我带来了无限的幸福。

在收纳整理的过程中，我接触到了许多客户，倾听到了各种各样的人生故事。有丈夫离世后身患抑郁症而闭门不出的家庭主妇；有因内心空虚而购物成瘾的女性；有事事自信但却苦于整理的单身上班族；有因照顾孩子而没有余力进行整理，甚至没有余力照顾自己的妈妈……

一开始，走进一片狼藉的客户家里时，我也曾感到茫然和疑惑：他们怎么会把家弄成现在这个样子？但是听了他们的故事后，慢慢地，我开始理解他们，想方设法地消解他们的烦恼。"原来是这样，可以理解。"有时，我明明是去客户家中进行收纳整理的，但听到他们的苦衷后，我会拉着他们的手，陪着他们一起流泪。

不论是谁都想住在一个干净而又整洁的家里，应该没有人会愿意在一个乱七八糟的空间里生活。但是当人们由于各种原因，疏忽或放弃对家的打理时，我们的生活空间就会变得越来越小，被各种物品所侵占。如果是这样，家里的主人就已经不再是家的主人，而是一个异化物了。

完成收纳整理后，客户往往都会不约而同地说出一句话："整理之后，我生活在一个崭新的环境里了，我觉得生活有了生机与活力。"其实，这种生机与活力并不是我给她们带来的，每个人的家本来都有这种生机和活力，只不过被人们暂时遗忘了而已。而我只是通过整理，唤醒了这些生机与活力罢了。

虽然无法在这里一一述说，但是在工作中，我确实经历了无数次感动的瞬间。而我在内心深有感触的同时，也开始思考这样的一系列问题：所谓的家，到底是一个怎样的空间？收纳整理到底有怎样的价值？怎样才算是合理、明智的消费？生活应该是怎样的？

　　家不只是一个睡觉的地方，它是一家人一起安心休息、吃饭、聊天、欢笑的空间。当然有时家也是一个令我们伤心流泪的空间。在家这一稳定的空间里，因公司业务而疲乏的丈夫能够得到放松，因课业学习而辛苦的孩子能够纾解心情，因忙碌的家务而心灵烦闷的妻子可以得到慰藉。

　　有些人觉得整理是一件比较麻烦的事。他们还认为，所谓的收纳整理就是将物品藏到眼睛看不见的地方。但是如果我们想要生活在舒适的空间里，不再经受各种物品带来的烦恼，就必须培养一种节制和掌控的能力，同时，挑选物品的眼光以及灵活运用物品的能力也很重要。哪怕只做好收纳整理这一项工作，在生活中我们所能感受到的幸福指数也会成倍增加。这样看来，我们的生活越有条理，我们的家也会越整洁。

　　我们不必像专家那样，将物品整理得秩序井然，哪怕只做到不购买不必要的物品这一点，也算是掌握了一种整理的秘诀。但是，我还是建议大家能够集中进行一次彻底的整理，只有这样，才能深刻体会到这项工作所带来的变化。

在人生中，我们会遇见形形色色的人，同样我们也会接触到各种各样的物品。就像我们只在相遇与离别的循环往复中才能逐渐找到真正与自己心意相通的人一样，只要通过不断的购买与舍弃，我们才能明白什么物品是真正珍贵且急需的，我们要时刻紧紧抓住这种物品。如果你做到了这一点，便能从众多物品的混乱中解脱出来，真正享受丰富多彩的生活。

通过收纳整理，我改变了我的人生。与以前相比，现在的我更充实，更幸福，也更爱我的家和家人。在此，我向我的丈夫及亲爱的儿子智晟（音译）、智勋（音译）表示感谢，感谢他们一直以来对我的支持，对我这个忙碌的妻子、忙碌的妈妈的理解。

最后，真心希望使我感到幸福的整理奇迹也能发生在各位以及各位的家人身上。